voice compass

PRAXISTIPPS Kundenkommunikation

LESEN.VERSTEHEN.ANWENDEN.

47 aktuelle Beispiele zu zeitgemäßer Kundenkommunikation

für alle Unternehmen, die den Mut haben,
Veränderungen zuzulassen

von Detlev Artelt

Danksagungen

Ganz besonders möchte ich, als Herausgeber und Initiator, allen Mitwirkenden an diesem Projekt danken. Dies sind neben den Unternehmen, die uns mit ihren Referenzen und Beispielen unterstützt haben vor allen Dingen:

Sonja Abel	für die tatkräftige Unterstützung in Konzeption und Marketing
Simone Rongen	für die Überarbeitung von Texten und die Unterstützung bei Satz und Vertrieb
Ramona Gilleßen	für die Korrekturen und Recherche der Texte
Lars Smuda	für das Überarbeiten des Glossars und das Korrekturlesen

Darüber hinaus gilt mein Dank auch dem externen Helfer:

Herr Kruse	für das frische kreative Design des Covers und der Werbung

Wir danken den unterstützenden Verbänden:

eco - Verband der deutschen Internetwirtschaft e.v

OMNYSS, Bundesrepräsentanz der BVMU

DVPT e.V.

Impressum

Herausgeber
Detlev Artelt
aixvox GmbH

Verantwortlich für den Inhalt
aixvox GmbH

Anschrift
aixvox GmbH
Monheimsallee 22
52062 Aachen, Deutschland

Telefon: +49.241.4133 400
Fax: +49.241.4133 456

info@voice-compass.com
www.voice-compass.com

Design
aixvox GmbH
Herr Kruse

Stand/Status
Aachen, Septmeber 2010

Auflage 1 - 20000

ISBN 978-3-9813914-0-4

„Das einzig Beständige ist die Veränderung."

Heraklit von Ephesos,
ca. 540-480 v. Chr.

Vorwort von Harald Summa (eco Verband)

Erst kürzlich durfte ich einem Vortrag eines renommierten Kollegen lauschen, der die Entwicklung der Kommunikation zwischen Menschen über das Internet in die Kette: Wort, Druck und dann Internet einpflegte. Ein genauso faszinierender wie nachdenklich stimmender Entwurf für die Jetzt-Zeit.

Stellt er doch klipp und klar fest: Leute, wir sind erst am Anfang einer Entwicklung, deren Ende wir mit Sicherheit nicht mal erahnen können, deren derzeitigen Verlauf wir aber aktiv mitgestalten und von dem wir vielleicht auch ein Teil sind.

Viele Menschen denken bei der Internet-Kommunikation oder auch bei moderner Kommunikation im allgemeinen oft noch nur an Telefon, Email oder Webseiten. Ja, das sind die Keimzellen, aus denen sich unser Kommunikationsverhalten schon sehr deutlich verändert hat: wer schreibt heute noch einen persönlichen Brief, vielleicht sogar mit der Hand. Wer geht noch in die Bibliothek, wenn er Hintergründe recherchieren will oder muss. Noch stärker sind die Veränderungen in der geschäftlichen Kommunikation. Würde die Zahl der Emails pro Tag als Postbriefe bei uns auflaufen, wir könnten uns dahinter gut verstecken.

Doch die Welt ist längst aus der reinen E-Mail Kommunikation heraus gewachsen. Die Textnachricht ist zu einem multimedialen Ereignis geworden. Email-Marketingstrategen haben die Informationsvermittlung zu einem subtilen Unterfangen gemacht, deren Macht wir mit Ohnmacht entgegentreten.

Text, Bild, Video und Sprache – werden geschickt kombiniert, um den Eindruck einer Information auf die Sinne und den Verstand zu verstärken.

Naja, das gab es ja schon früher. Ein netter Werbefilm war auch nichts Besseres. Und der Eindrücke können wir uns als mündige Menschen ja schon lange erwehren. Wäre da nicht, na was – das Kommunikationsmedium Internet in seiner technischen Ausprägung als Transportmittel.

Auch das Telefonieren über die Datenautobahn via VoIP ist uns längst nicht mehr fremd. Doch hat es das Kommunikationsverhalten längst nicht so beeinflusst, wie die Email-Kommunikation. Ob der Grund hierfür darin liegt, dass wir doch an alten Gewohnheiten bzw. unseren alten, bekannten und lieb gewonnenene Telefonanlagen hängen oder auch nur noch nicht wissen, welche Möglichkeiten uns VoIP bietet sei dahin gestellt.

Prinzipiell gilt in der modernen Kommunikation: multimedial, aber vernetzt, versponnen, verknüpft, mobil und stationär, einsam und verlassen oder ubiquitär, jetzt und immer oder nie, durch die Luft oder durch das Kabel. Alles geht!

Harald A. Summa
Geschäftsführer eco. e.v.

Die Ihnen vorliegende Ausgabe der PRAXISTIPPS trägt zusammen, was Sie schon immer ahnten, aber selten zusammenfassend zu lesen bekommen haben: die vielfältigen, intelligenten wie einfachen oder komplexen Formen, Kommunikation über das Internet zu gestalten.

Unified Communications wird als sprachliche Klammer für das Zusammenführen von Sprache, Bild, Video zu integrierenden Anwendungen über Netze verstanden. Ob im Büro, unterwegs in der Werkshalle oder auf dem platten Land. Die Ausprägungen der Kommunikation sind schier unerschöpflich, gelegentlich begrenzt durch die Verfügbarkeit von Physik oder Phantasie.

Die Beispiele aus dem Band stellen einen hervorragenden Snapshot der Kommunikationsmöglichkeiten im Heute dar. Sie machen denen Appetit, die sich noch nicht mit den vielfältigen Möglichkeiten der betrieblichen, integrierenden Kommunikation auseinandergesetzt haben, sie regen diejenigen an, die sich noch mehr mit den Chancen einer integrierenden Kommunikation beschäftigen wollen.

Letztlich gibt der Band den State of the Art in einer Entwicklung wieder, von der wir alle wissen, dass sie unsere Welt verändern wird und wir aber eigentlich alle noch nicht recht wissen, wohin die Reise gehen wird. Deshalb ist es gut zu wissen, wo wir stehen, damit wir uns nicht vorhalten lassen müssen, wir haben ja nicht gewusst, was alles machbar sein wird.

Unified Communications ist Realität und Zukunft zugleich.

Mit freundlichem Gruß

Harald Summa

Beispiele für Ihre Veränderungen in der Kommunikation

Innovationen und die damit verbundenen neuen Werkzeuge für ein besseres Arbeiten helfen jeder Person und jedem Unternehmen. Wir Menschen haben uns seit der Steinzeit immer wieder mit neuen Werkzeugen und Hilfsmitteln angefreundet. Beil, Pfeil und Bogen sowie Rad waren grundlegende Fortschritte in der Evolution des Menschen und wir sind zurecht stolz darauf, was wir damit vollbracht haben. Wir haben uns immer wieder angepasst und neue Hilfsmittel erschaffen, um damit unsere Arbeiten schneller, besser und effektiver zu erledigen. Seit dem neunzehnten Jahrhundert wurden die Innovationen komplexer und wir mussten uns schneller an neue Werkzeuge und Maschinen gewöhnen. Die Eisenbahn, das Auto und der Computer veränderten im Laufe der letzten Jahrhunderte und besonders in den letzten Jahrzehnten unsere Welt sowie unser Leben nachhaltig. Der Haken an der Sache ist die immer geringere Zeit, die wir zur Verfügung haben, um uns an neue Innovationen zu gewöhnen und diese in unseren Alltag und unsere Arbeitswelt zu integrieren.

Das Internetzeitalter hat uns neben Email vor allem die weltweite Verfügbarkeit von Informationen gebracht. Diese Informationen nutzen wir mittlerweile mit einer Selbstverständlichkeit, die vor lediglich zehn Jahren für viele noch undenkbar war. Doch die Reise geht weiter und die Innovationszyklen werden immer kürzer. Das Telefon wird in das weltumspannende Internet integriert und neben den Sprachdaten lassen sich nun auch Bilddaten, also Videos, über das Internet an nahezu jeden Ort transportieren. Diese Funktionen fordern von uns Menschen erneut ein Umdenken und ein Adaptieren. Uns werden damit Möglichkeiten zur Verfügung gestellt, die bis dato nicht erschwinglich waren oder überhaupt undenkbar. Konferenzen mit Geschäftspartnern über Kontinente hinweg waren noch vor wenigen Jahren mit viel ungenutzter Reisezeit im Flugzeug, Bahn oder Auto verbunden, heutzutage lassen sie sich aber per Videokonferenz schnell und ganz einfach abwickeln. Die damit gewonnene Zeit, die drastisch reduzierten Kosten und nicht zuletzt der Schutz unserer Umwelt durch weniger Emissionen verbessern unser Leben nachhaltig.

WARUM ist aber die Akzeptanz von Veränderungen in Deutschland mit so viel Skepsis, Angst und Ablehnung verbunden? Wir, das Land der Ingenieure, der Dichter und Denker, nehmen die von unseren Experten und Wissenschaftlern hervorgebrachten Verfahren nur sehr sehr langsam an und drohen damit den weltweiten Anschluss zu verlieren.

In meinen Vorträgen, auf Kongressen und in Workshops werde ich immer nach Beispielen gefragt. Dieser Aufforderung bin ich mit der Idee der Praxistipps Kundenkommunikation nachgekommen. Im Sommer 2010 habe ich gemeinsam mit dem Team der aixvox GmbH Unternehmen, Berater und Verbände gebeten, uns gute Beispiele aus der Praxis zur Verfügung zu stellen. Damit möchten wir zeigen, was heute bereits möglich ist. Viele Unternehmen haben ihre Kommunikation erfolgreich verändert und sie sind Beispiele, die Ihnen Mut machen, Ihre eigenen Veränderungen in Angriff zu nehmen.

So wie der Superhit „Wind Of Change" von den Scorpions aus meiner Heimat bei Hildesheim den politischen Wandel seit 1990 beschreibt und begleitet, möchte ich Sie auch auffordern dem „Wind der Veränderung" in der Kommunikation ein wenig mehr zu lauschen.
Es wird sich für Sie lohnen!

Detlev Artelt
Autor und Herausgeber
Fachbuchreihe voice compass

Berater und Unternehmer
aixvox GmbH, Aachen

Wir danken allen Unternehmen, die in den PRAXISTIPPS genannt werden.
Sie haben als erfolgreiche Referenzen dazu beigetragen, den Lesern der PRAXISTIPPS einen umfassenden Überblick über die Möglichkeiten und Lösungen zu bieten, die die aktuelle Technologie in der Kundenkommunikation bietet.

ECO Libro
ökonomisch und ökologisch nachhaltige Lösungen

EVALANCHE
EMAIL MARKETING SOLUTION

forcelab
Kalibrierdienste AG

LANDESVERBAND DER
HEBAMMEN

JUNG v. MATT
an der Spree

IHK Industrie- und Handelskammer Reutlingen
Reutlingen | Tübingen | Zollernalb

Airport Nürnberg

KabelBW
Einfach clever.

takomat

telcoon

TELCOLAND

synlab
Labordienstleistungen

PAYBACK

STRAMAMPS
DER Sondermaschinenbauer

Warsteiner
EINE KÖNIGIN UNTER DEN BIEREN

vodafone

Inhalt

Campina optimiert mit IP-basierter Technik die Kommunikation mit Partnern und Kunden

Die Milch macht's – bei Campina. Aus Goch bei Aachen vertreibt das Joint Venture zwischen Campina und Fonterra, DMV-Fonterra Excipients GmbH & Co. KG (DFE), Produkte aus pharmazeutischer Laktose. 2006 bezogen ca. 35 Mitarbeiter neue Büroräume und nutzten die Chancen, neben der IT auch die Telefonie auf den neuesten Stand zu bringen.

Keine leichte Aufgabe, denn die meisten Mitarbeiter sind mobil, einen Großteil ihrer Arbeitszeit verbringen sie bei Vertriebspartnern oder Produktionsstandorten in Deutschland, Niederlande und Neuseeland. Deshalb entschloss man sich neue Wege zu gehen. Statt jedem Mitarbeiter einen festen Schreibtisch zuzuweisen, darf sich jeder seinen Arbeitsplatz stets aufs Neue aussuchen. In Rollcontainern lagern die persönlichen Arbeitsutensilien, per Netzwerkkabel geht es problemlos überall ins Netzwerk. So einfach sollte es auch mit den Telefonen funktionieren: Mit der richtigen Durchwahl erreichbar, ohne lästiges Konfigurieren oder umständliches Umstöpseln. Schnell war klar, dass herkömmliche Telefonanlagen das Nachsehen haben würden.

Angesichts dieser komplexen Anforderungen entschied man sich für die Telefonielösung SwyxWare des Dortmunder Anbieters Swyx.

Erreichbarkeit ist unabdingbar

Wer sich mit seinem Windows-Login am Arbeitsplatz seiner Wahl anmeldet, ist automatisch unter seiner persönlichen Rufnummer erreichbar. Ist ein Mitarbeiter außer Haus oder ist im Outlook-Kalender ein Termin eingetragen, landet der Anrufer bei seinem ausgewählten Vertreter.

Hilfreich ist auch die komfortable Voice-Mailbox. Sie ermöglicht, Sprachnachrichten an beliebige Empfänger weiterzuleiten. Bei DFE sorgt zudem eine Anbindung an das SAP-System für einen reibungslosen Workflow.

„Wir können mit der Lösung das Telefon in allen Bereichen sehr effektiv einsetzen und ersparen uns umständliche und teure Wartungsverträge", fasst Ermens zusammen. Sparen konnte DFE auch durch das flexible Lizenzmodel von Swyx. Gezahlt werden müssen nur die tatsächlich aktiven Anwender.

Als Universaltalent entpuppte sich SwyxWare auch mit seinen Features zum Abhalten von Telefonkonferenzen. Auf externe Dienstleister kann das Unternehmen jetzt verzichten: Solche Calls finden jetzt auf dem SwyxWare-Server statt – eine Einwahlnummer und eine zuvor an alle Teilnehmer kommunizierte Geheimzahl reichen dafür aus.

Zwiebackhersteller Brandt – verbesserte Kommunikation dank Videotechnologie

Immer häufiger setzen vor allem Unternehmen mit mehreren Standorten auf Videokonferenztechnik, um die interne Kommunikation und die Abstimmung der Geschäftsprozesse zwischen den Niederlassungen zu optimieren. Gleichzeitig entlasten sie so ihr Budget, denn ein Großteil der Geschäftsreisen kann durch virtuelle Meetings ersetzt werden. Auch die Mitarbeiter profitieren vom Gebrauch der Technologie. Sie sparen Zeit, die sie ansonsten in Staus, auf Bahnhöfen oder Flughäfen verloren hätten. Das führt zu einer höheren Produktivität und zu einer besseren Work-Life-Balance. Seit 2007 setzt auch die Brandt Gruppe, Marktführer für Zwieback-Produkte in Deutschland, Videokonferenzsysteme ein, vor allem für die interne Kommunikation. „Die Fahrten von Standort zu Standort nahmen bislang bis zu sechs, sieben Stunden pro Strecke in Anspruch. Das raubte unseren Mitarbeitern nicht nur wertvolle Zeit, sondern auch Nerven", schildert Christoph Tress, Leiter der IT-Abteilung bei der Brandt Gruppe. Bereits 2004 hatten sich Tress und weitere Mitarbeiter aus seiner Abteilung mit den TANDBERG Videokonferenzsystemen der jetzigen Cisco TelePresence Technology Group beschäftigt. „Schon damals waren wir von den Möglichkeiten der Technik begeistert", erinnert sich Tress.

Drei Jahre später wurde das Thema erneut aktuell. „Die Kommunikation zwischen den Standorten sollte verbessert werden", so Tress, der die Vorzüge der Videokonferenzsysteme noch in guter Erinnerung hatte, und diese als Lösung vorschlug. „Dann ging alles ganz schnell. Von der Besichtigung der aktuellen Produkte bis zur vollständigen Einsatzbereitschaft der Videokonferenzsysteme vergingen gerade einmal drei Monate." Rund 90.000 Euro investierte der Zwieback-Hersteller in vier TANDBERG Profile 3000 MXP, die seit zwei Jahren die Standorte miteinander verbinden. Auf den bis zu 42 Zoll großen Monitoren des für mittelgroße Konferenzräume konzipierten Systems werden die Gesprächspartner in HD-Qualität dargestellt.

Moderne Videokonferenzsysteme verbessern die interne Kommunikation (im Bild TANDBERG T1).

Gewünschter Effekt eingetreten

„Mit der Investition haben wir genau den Effekt erzielt, den wir uns erhofft haben", zieht Tress Bilanz. „Die Kontakte haben sich intensiviert. Rund 15 bis 20 Videokonferenzen werden im Monat abgehalten." Probleme bei der Nutzung gab es seit der Einführung keine. „Anfangs gab es eine kurze Schulung, mehr war nicht nötig, da sich die Geräte zum größten Teil intuitiv bedienen lassen. "Damit die Geräte jederzeit dort eingesetzt werden können, wo sie benötigt werden, hat man bei dem Unternehmen auf eine mobile Lösung gesetzt, die den Einsatz der Systeme in jedem Raum des Standorts ermöglicht."

Neben der Geschäftsführung hat vor allem das Marketing die Technik für sich entdeckt. „Von der Produktentwicklung bis zur Abstimmung des Verpackungslayouts – vieles wird jetzt per Videokonferenz besprochen und entschieden. Da wir die Systeme noch um kleine PCs ergänzt haben, ist es zudem problemlos möglich, Folien oder Präsentationen in die Konferenzen mit einfließen zu lassen", so Tress. Auch seine Abteilung nutzt die Videokonferenzsysteme, um die interne Abstimmung zu verbessern. „Jeder Unternehmensbereich ist dank der Videokonferenztechnik in der Lage, Fachwissen auf schnellstmöglichem Weg dorthin zu transferieren, wo es benötigt wird", fasst Tress die Vorzüge zusammen.

Konferenzen auch mit Lieferanten

Was bei der internen Kommunikation innerhalb der Brandt Gruppe also bereits zu deutlichen Verbesserungen geführt hat, würde das Unternehmen gerne auch verstärkt im Kontakt mit externen Unternehmen einsetzten. So ließen sich Reiseaktivitäten und Kosten weiter senken wie Tress aus Erfahrung weiß. Deshalb will das Unternehmen auch in Zukunft auf visuelle Kommunikation setzen.

Für weitere Infos besuchen Sie uns auf www.tandberg.de

TANDBERG,
now part of Cisco
Chris Maurer
chris.maurer@tandberg.com

Kaiserswerther Straße 115
40880 Ratingen
www.tandberg.com

Das Sprachportal im Kundenservice von PAYBACK: Telefonische Dienstleistungen auf höchstem Niveau

Das größte und erfolgreichste Bonusprogramm in Deutschland, mit derzeit 1,5 Mill. Transaktionen täglich, heißt PAYBACK! Verbraucher können hier mit nur einer Karte bei über 250 Unternehmen Punkte sammeln und gegen Bargeld oder Prämien einlösen. Um das Erfolgskonzept des Bonusprogramms auch für die Zukunft zu sichern, stellt das Münchner Unternehmen in Sachen Kundenzufriedenheit höchste Ansprüche. Das gilt auch für das Sprachdialogsystem von CreaLog, das den telefonischen Self Service des Hauses erfolgreich verstärkt.

Schneller Self Service am Telefon

„Schau mal, Thorsten! Das wäre doch genau das richtige Geschenk für unsere Eltern."

Christina Busch deutet auf das schnurlose Telefon mit Anrufbeantworter im PAYBACK-Prämienkatalog: „Aber haben wir dafür auch genug Punkte? Ruf' da mal an und check das ab!" Die freundliche Stimme des Voice Portals fragt nach Begrüßung und Erfassung der Kundennummer: „Was kann ich für Sie tun?" Thorsten Busch schweigt verblüfft, denn er war auf die Eingabe von Menüziffern vorbereitet. Das System hilft ihm aus der Verlegenheit und schlägt ihm verschiedene Themen vor. Thorsten Busch unterbricht die Ansage und sagt ‚Punktestand'. Die Auskunft, die er prompt erhält, erfreut ihn sehr: „Wir sind ja schon bei 8.150! Da bleiben nach der Bestellung noch ein paar Punkte übrig."

Martin Streinz
Leiter Customer Service
PAYBACK GmbH

"Ihre Prämienbestellung wird gerade ausgeliefert."

Weil Familie Busch das Schnurlos-Telefon pünktlich zum Geburtstag im Haus haben will, ruft sie drei Tage später wieder beim Voice Portal an. Das System, das die Anruferin an der Kartennummer erkannt hat, geht sofort auf Schlüsselwörter wie ‚Prämienbestellung' oder „Wann kommt meine Prämie?" ein und beruhigt Christina Busch: „Ihre Prämienbestellung wird gerade ausgeliefert." Darüber hinaus kann das Voice Portal jetzt auf 15 verschiedene Kundenmerkmale personalisiert reagieren. Ein Beispiel: Kommt ein PAYBACK-Prämienkatalog per Post als unzustellbar zurück, erhält dieser Kunde beim nächsten Anruf eine entsprechende Ansage und wird zur Adress-Erfassung weitergeleitet. Auch das geht vollautomatisiert per Sprachdialog – schneller und komfortabler denn je!

Außerdem können Kunden am Service-Telefon eine neue Karte beantragen, ihre Telefonnummer ändern oder auch beliebige Fragen stellen. So vielfältig sind die Möglichkeiten der Selbstbedienung in diesem Portal, dass oft keine persönliche Betreuung durch einen Mitarbeiter mehr nötig ist.

Moderne Sprachdialog-Lösung erfüllt hohe Anforderungen

Dank moderner Spracherkennung kann jeder Anrufer das Dialog-Menü ganz einfach steuern. Darüber hinaus bietet der Service einen ausgesprochen kundenfreundlichen Vorteil: Er ist ohne Warteschlange und lästiges Besetztzeichen immer gut erreichbar. „Damit ist," so Martin Streinz von PAYBACK, „ein wesentliches Ziel erreicht, das wir uns für den Einsatz des Voice Portals gesteckt haben: Unseren Kunden steht ein komfortabler Telefon-Service zur Verfügung – 24 Stunden täglich und an 365 Tagen im Jahr!" Eine weitergehende Anforderung lautete „spürbare Kostenreduktion". Dazu Martin Streinz: „Gerade im Callcenter kann man den Aufwand deutlich reduzieren. Früher mussten die Berater in unserem Service Center den Punktestand durchsagen. Das aber gehört zu den Services, die sich per Voice Portal gut automatisieren lassen. Komplexere Themen wie Reklamationen oder Rückfragen bei der Prämienbestellung bearbeiten die Mitarbeiter ganz persönlich!" Wie gut die Anrufer mit ‚ihrem' Sprachdialogsystem klarkommen, bestätigen Kundenbefragungen per Voice Portal und die Ergebnisse von Marktforschungs-Testgruppen. Demnach sind die Akzeptanzwerte des Voice Portals bei PAYBACK deutlich besser als bei vergleichbaren Anwendungen – gemessen an den strengen Kriterien einer Studie des Fraunhofer Instituts.

Akustische Positionierung die begeistert & überzeugt

Projekt: berge & meer
Mehr Urlaub überraschend günstig

Zielsetzung: Entwicklung einer stimmungsgeladenen akustischen Markenidentität und Emotionalisierung des auditiv gestützten Kundendialogs. Im Rahmen dieses Audio-Branding-Projektes sollte eine spezielle Adaption des Corporate Sound in der Kontaktschnittstelle Telefonie zu einem begeisternden und überzeugenden Anruferlebnis führen. Der damit verbundene Konditionierungsprozess wurde mit Fokus auf eine auditiv gestützte Profilierung der Marke Berge & Meer durchgeführt. Ein inspirierendes Klangbild soll diese hörbar und erlebbar machen. Schon beim ersten telefonischen Kontakt sollen Gefühle wie Reiselust und Urlaubsstimmung geweckt werden. Zu diesem Zweck wurde eine unverwechselbare Klangwelt geschaffen, die definierte Zielstimmungen weckt und zusätzlich eine spannende Earcatcher-Systematik in sich birgt. Dieses akustische Konzept ist crossmedial einsetzbar und besteht aus einem einzigartigem Corporate Sound der insbesondere im 8kHz-Umfeld funktioniert und emotional wirkt. Analog wurde ein neues Audio-Interface-Design im Bereich Telefonie realisiert, wodurch die Callflow-Systematik aller telefonischen Serviceschnittstellen bezüglich ihrer Effektivität und Zielführung überarbeitet wurden.

Besonderheit: Entwicklung einer beschwingten und mitreißenden, auditiv gestützten Gefühlswelt, die bei den Hörern Urlaubsfeeling & Reiselust weckt.

Ergebnis: Es entstand eine einzigartige akustische Markenidentität mit hohem Wiedererkennungswert. Diese schafft es durch ihr Klangbild den Spannungsbogen zwischen hochwertigen Angeboten und günstigen Preisen perfekt umzusetzen.

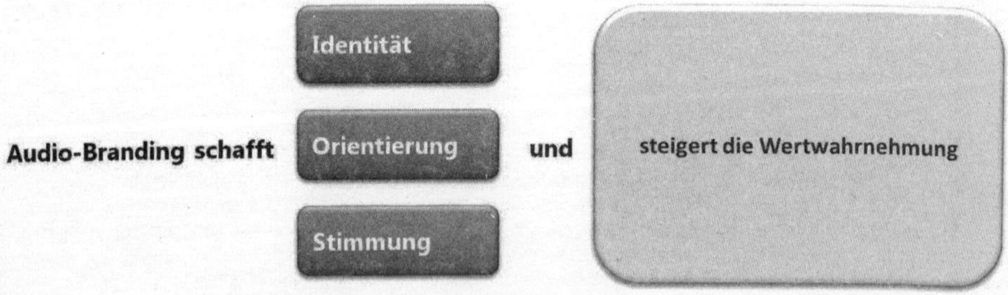

Das neue, unverkennbare akustische Erscheinungsbild der Marke impliziert folgende Wirkungspunkte:

- Generierung einer aktivierenden Identität die gleichzeitig Orientierung schafft.
- Erzeugung der gewünschten positiven Stimmung.
- Lieferung reproduzierbar guter Gefühle.
- Steigerung des Markenimages und des Wiedererkennungswertes.
- Positive Auswirkung auf die Kundenzufriedenheit.
- Erhöhung des Wiedererkennungswertes und der Wertwahrnehmung.
- Verlängerung der Wartebereitschaft der Anrufer.
- Reduzierung der Abbruchrate der Anrufer.
- Intensivierung der Kundenbindung.
- Hörbeispiel: www.comevis.com/inspiration

Kundenzitat:

"... Die Ergebnisse der Audio Branding Experten von comevis haben uns gezeigt, welchen Tiefgang dieses Thema besitzt und wie mächtig die Wirkung sein kann. Wir sind uns sicher, damit unsere Kundendialoge optimal zu emotionalisieren und die richtigen Stimmungen erzeugen zu können. Das erschaffene Audio-Marketing-Konzept hilft aktiv bei der Vermarktung unserer abwechslungsreichen Reise-Ideen und stützt unseren Kundenservice."

Andrea Greif, Divisionsleiterin Kundenservice & Callcente; Christoph Heimbach, Leiter Marketing; Berge & Meer Touristik GmbH

comevis GmbH & Co. KG
Herr Carsten Guth
carsten.guth@comevis.com

Schanzenstrasse 23
51063 Köln
0221 - 956490 505
www.comevis.com

Sonne statt Server: Software aus der Cloud verbessert die Koordination weltweiter Tauchbasen

Das Sub Aqua DiveCenter organisiert seit über 30 Jahren Tauchkurse weltweit. Von der Zentrale in München aus koordiniert das Unternehmen acht Tauchbasen in Ägypten, Thailand, Oman sowie auf den Malediven. Für die Organisation, Logistik und Technik zwischen Zentrale und Tauchbasen sorgt der eigene Dienstleister DiveConsult. Insgesamt sind zwischen 25 bis 30 Mitarbeiter für DiveConsult tätig; derzeit stehen 15 PC-Arbeitsplätze zur Verfügung. Um die weltweite Zusammenarbeit zu vereinfachen, suchte DiveConsult nach einer neuen Lösung. „Die Vorgängerlösung erwies sich immer mehr als Stückwerk, und es dauerte oft sehr lange, eine Verbindung zu unseren Tauchbasen herzustellen", erzählt Thomas Nestl, Office Manager bei DiveConsult. Das Unternehmen suchte zudem nach einer Anwendung, um Dokumente zuverlässig zu tauschen. Die Gesamtlösung sollte kostengünstig, flexibel, ausfallsicher und einfach zu verwalten sein.

Kostengünstig und zuverlässig

Nach Beratung mit seinem langjährigen IT-Dienstleister infoWAN Datenkommunikation aus München entschied sich DiveConsult für die Microsoft Business Productivity Online Suite (BPOS). BPOS besteht aus Microsoft Exchange Online für den Zugriff auf Emails, Kalender und Kontakte sowie aus Microsoft SharePoint Online als zentrale Dokumentenablage und Ort der virtuellen Zusammenarbeit. Weitere Komponenten sind Microsoft Office Live Meeting für Webkonferenzen und Microsoft Office Communications Online, das Präsenzinformationen zu Mitarbeitern liefert. DiveConsult bezieht diese Anwendungen als Dienst aus dem Internet, sprich der Cloud. Das Unternehmen setzt das Paket für 8,52 Euro netto pro Nutzer und Monat ein. Bei 20 Lizenzen ergibt das rund 2.050 Euro im Jahr. „Damit können wir ohne große Investitionen unsere Tauchbasen zuverlässig über die Cloud mit der Zentrale vernetzen. Wir sparen uns den Kauf und Betrieb von eigenen Servern. Und der Aufwand für die Administration entfällt ganz", erklärt Nestl.

Sicher und einfach zu bedienen

Mit Office Live Meeting startet Nestl von München aus via Internet Besprechungen mit den Tauchbasen, in deren Rahmen auch gemeinsam Dokumente bearbeitet werden. „Klasse ist die Möglichkeit, über Office Live Meeting auf die Rechner der Tauchbasen zugreifen zu können", erzählt Nestl. „So kann ich meinen Mitarbeitern die neuen Funktionen des Buchungs-Tools direkt auf ihrem Bildschirm erklären." In SharePoint Online legt DiveConsult wichtige Dokumente und vor allem Formulare ab, etwa zur Anmeldung der Kunden oder zur Abrechnung. „Die Informationen sind jetzt schnell zu finden, aktuell und vor allem stets verfügbar", sagt Nestl. Die Präsenzinformation von Office Communications Online zeigt an, ob ein Mitarbeiter in der Tauchbasis gerade erreichbar ist; vergebliche Telefonanrufe entfallen damit. „Wir arbeiten nun viel effizienter mit unseren Außenstellen zusammen", sagt Nestl. „Auch nutzen die einzelnen Tauchbasen untereinander die Tools, um sich auszutauschen." Probleme gebe es nur mit Videokonferenzen wegen der niedrigen Internet-Bandbreite in Ägypten oder auf den Malediven, so Nestl. Derzeit ist DiveConsult dabei, Exchange Online einzuführen. „Unser Ziel ist es, alle Postfächer von unserem lokal installierten Microsoft Exchange Server 2007 auf Exchange Online zu verschieben", sagt Nestl. Exchange Online basiert auf Microsoft Exchange Server und bietet überall sicheren Zugriff auf die Mails. In der Standardlizenz sind fünfundzwanzig GByte Postfachspeicher pro Nutzer enthalten. „Wir sind sehr zufrieden mit BPOS; die Online-Suite hat all unsere Erwartungen erfüllt", resümiert Nestl. „Das System läuft stabil und ist schnell zu erweitern. Vor allem ist es sehr einfach zu bedienen. Das kommt bei unseren Kollegen in den Tauchbasen vor Ort sehr gut an, die ja meist keinen technischen Hintergrund haben."

Die infoWAN Datenkommunikation GmbH ist eine Unternehmensberatung für komplexe IT-Infrastrukturen. Sie bietet ein komplettes Dienstleistungsportfolio von Consulting, Training, Support über individuelle Softwareentwicklung bis hin zum Vertrieb von Standardlösungen. Als Microsoft Gold Certified Partner bietet infoWAN Lösungen OnPremise, in der Cloud und hybride Mischformen an.

infoWAN GmbH
Lars Riehn
info@infowan.de

Neuhofweg 5
85716 Unterschleißheim
089 - 32 47 56-0
www.infowan.de

HD-Videoconferencing von LifeSize verbindet die Brauerei Warstein mit König Ludwig

Die Warsteiner Brauerei baut auf die Unternehmensphilosophie „Innovation durch ständige Investition" auch im Bereich moderner Kommunikationstechnik und setzt dabei auf HD-Videokonferenzsysteme von LifeSize.

Im Zuge der Modernisierung der Medientechnik in den Konferenzräumen wurde bei der privat geführten Brauerei auch High-Definition Videokonferenztechnologie eingebaut. Die 600 Kilometer voneinander entfernten Standorte in Warstein und die König Ludwig GmbH der Schlossbrauerei Kaltenberg in Bayern stehen seither über ein LifeSize Room 200 Videokonferenzsystem miteinander in Kontakt. Darüber hinaus ersetzt ein weiteres System in der Produktion in Warstein aufwändige und zeitintensive Reisetätigkeit mit Kunden und Lieferanten.

Die Entscheidung der Warsteiner Brauerei fiel nach Testbetrieb zugunsten des Systems aus. Zum Einsatz kommt LifeSize Room 200 mit Full HD-Auflösung (1080p) bei einer Bildwiederholrate von 30 Bildern/Sekunde. „Durch die großen an der Wand montierten Flachbildschirme entsteht bei den Konferenzeilnehmern der Eindruck, dass sich der Gesprächspartner im selben Raum befindet", so Steffen Weberruß, ViDOFON, der die Einführung des Videokonferenzsystems bei Warsteiner betreute. „Ausschlaggebend für die Wahl war neben der hervorragenden High-Definition Bildübertragungsqualität das gute Preis-/Leistungsverhältnis des HD-Pioniers aus Texas."

Quelle: LifeSize, a division of Log

Aufgrund der Bandbreitenanforderung und aus Sicherheitsgründen entschied man sich bei Warsteiner dafür, das Videokonferenzsystem nicht ins Netzwerk zu integrieren, sondern über separate Leitungen und Anschlüsse laufen zu lassen.

Die Konferenzräume mit den Videokonferenzsystemen sind gut ausgelastet: neben den Boardmeetings auf Geschäftsleitungsebene zwischen Warstein und Kaltenberg wird die wöchentliche Produktionsplanung zwischen den Standorten mittels Konferenz abgehalten. Auch für die Kommunikation mit Lieferanten und Kunden ist Videoconferencing mittlerweile im Einsatz. Das LifeSize-Gerät mit seinem offenen Codec ermöglicht Kompatibilität mit allen gängigen Videokonferenzsystemen und lässt auch Teilnehmer mit anderen Hardware-Plattformen gemeinsam konferieren.

„Mit den LifeSize-Systemen sind wir sehr zufrieden bei Warsteiner. Innerhalb kurzer Zeit wurde Videoconferencing bereits zur Routine in der Produktionsabteilung und auch die Sekretärinnen sind aufgrund der einfachen Bedienung mittlerweile mit dem System vertraut", so Burkhard Breker, der bei Warsteiner für die IT-Infrastruktur und damit die Einführung des Systems verantwortlich ist. „Neben den drei Standorten denken wir schon heute darüber nach, Videokonferenztechnologie auch zur Anbindung mit Niederlassungen im Ausland einzusetzen. Wir testen bereits jetzt die Übersee-Verbindungsqualität mit unserem LifeSize-Partner ViDOFON."

Aufgrund der hohen Auslastung schätzt man bei Warsteiner, dass sich die Anschaffungskosten der Lösung bereits nach maximal einem Jahr amortisiert haben. Vor allem die Einsparung von Reisekosten und die damit gewonnene Zeit der Führungskräfte überzeugen die Brauerei, bei der man auch in der Logistik durch eine ressourcenschonende Lieferkette per Bahn auf Nachhaltigkeit setzt. Videokonferenzsysteme gehören heute zu einer wirtschaftlich fundierten Unternehmensausrichtung, und dürfen weder in einer Kostenoptimierungsstrategie noch in der ökologischen Außendarstellung fehlen. Die Kosteneinsparungen und die Reduzierung der fossilen Ressourcen sind erheblich und ein wesentlicher Faktor der Wirtschaftlichkeitsplanung von Unternehmen jeder Größe. Dies führt zu einer höheren Rentabilität und einer höheren langfristigen Wertsteigerung für alle Beteiligten.

ViDOFON AG ist ein weltweit agierender und führender Anbieter von Video-, Audio- und Datenkonferenzlösungen. Von multinationalen Konzernen, staatlichen Institutionen und mittelständischen Betrieben bis zu Kleinunternehmen und Homeoffices – ViDOFON hat in den vergangenen Jahren mehrere Tausend Videokonferenz-Systeme in rund 47 Ländern implementiert.

ViDOFON AG
Silvia Hartan
s.hartan@vidofon.de

Kellerbleek 3
22529 Hamburg
040 - 808181-117
www.vidofon.de

Trendhandy iPhone vertragsfrei zu attraktiven Konditionen erwerben

Die Telcoland GmbH (www.telcoland.de) hat ein Schlupfloch gefunden, um die iPhone-Exklusivität zwischen der Telekom und Apple auf legale Weise zu umgehen. Sie hat sich zur Aufgabe gemacht, ihren Kunden das iPhone in zwei Varianten anzubieten. Entweder in Verbindung mit einem Vodafone-Mobilfunkvertrag oder als freies EU-Gerät ohne Mobilfunkanbieter. In beiden Fällen handelt es sich um SIM-Lock freie iPhones, deren Gewährleistung ebenfalls übernommen wird.
Die Telcoland GmbH ist ein Hamburger Familienunternehmen mit über 50 Mitarbeitern und hat seinen Sitz im Hamburger Schanzen-Viertel. Als offizieller iPhone-Partner von Vodafone hat sie Kunden in ganz Deutschland im Privat- und Geschäftsbereich.

Ausgangssituation

Das iPhone, das ursprünglich nur für einen ausgewählten Kundenkreis gedacht war, wurde schnell zum Hauptgeschäft. Somit war es anfangs noch keine Schwierigkeit die Daten vom Kunden zu sammeln und zu verarbeiten. Diese wurden mittels drei verschiedener Systeme bearbeitet. Durch den rasant ansteigenden Kundenzuwachs wurde die Verarbeitung der Kundendaten auf drei getrennten Systemen zu zeitaufwendig und das Fehlerpotential zu hoch. Die Herausforderung war, die drei bestehenden Systeme so miteinander zu verkoppeln, dass ein automatisierter Prozess entstand und alle Daten zentral in ein Programm zusammengeführt wurden. Das Ziel dabei war es, die Arbeitsabläufe zu optimieren und Fehlerquellen zu minimieren.

Lösung:

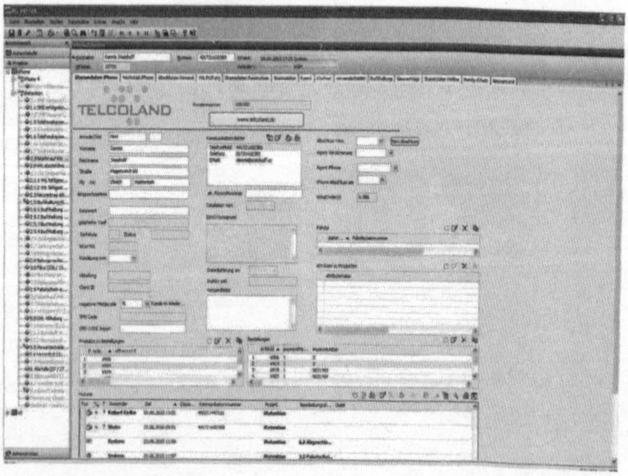

Nach einem kurzen Auswahlprozess hatte man sich für die CRM- und Callcenter-Software AG-VIP SQL von Grutzeck-Software aus Hanau entschieden. Über den lokalen Consultingpartner Mikla-Soft wurde die CRM-Lösung komplett an die unternehmensspezifischen Anforderungen angepasst. „Wir waren erstaunt, wie flexibel und schnell sich AG-VIP SQL an unsere Anforderungen anpassen ließ", berichtet Geschäftsführer Matthias Harms. Denn der Ablauf ist relativ komplex: Ein Kunde fragt nach einem iPhone. Die Daten werden in der CRM-Software erfasst. Daraus wird der Webshop gespeist und eine SMS an den Kunden mit den Zugangsdaten für den Webshop erzeugt.

Erfolgt innerhalb von drei Tagen kein Bestelleingang, löst die CRM-Software eine Anrufwiedervorlage im Callcenter aus. Bestellt der Kunde, werden die Daten aus dem Webshop automatisch in das CRM-System AG-VIP SQL übergeben und zur Abwicklung an die Warenwirtschaft überführt. Die Warenwirtschaft erzeugt die Belege und schickt die Lieferung auf die Reise. AG-VIP SQL ist somit die zentrale Lebensader, steuert den Gesamtprozess, schafft Transparenz und verbindet dabei unterschiedliche Systeme.

Was wurde erreicht?

Nach geringen Startschwierigkeiten wurden sowohl die Arbeitsabläufe in allen Abteilungen verkürzt als auch verbessert. Versandzeiten wurden reduziert. Die Fehlerquote, z.B. Datenverlust durch Zettel oder redundante Daten, ist durch die Automatisierung gegen Null gesunken. Die Kommunikation zwischen dem Kunden und der Telcoland GmbH verläuft dank automatisiertem SMS-Versand und CallCenter-Integration reibungslos. Dies offeriert dem Kunden die gewünschte Professionalität, die im Online-Geschäft vorausgesetzt wird. Auch intern entstanden neue Vorteile wie die Auswertung der Leistung der Mitarbeiter im CallCenter. Gesprächseinzelheiten werden in der übergreifenden Kontakthistorie von AG-VIP SQL vermerkt, die von jedem Anwender abgerufen werden können. Somit ist der chronologische Verlauf von Anfang an dokumentiert, was natürlich einen schnelleren Kundenzugriff und Service ermöglicht.

Fazit:

Der Einsatz der CRM- und Callcenter-Software AG-VIP SQL bringt Optimierung und Beschleunigung für den gesamten Arbeitsablauf. Auch wenn der Ablauf in anderen Unternehmen unterschiedlich ist, zeigt unsere Erfahrung, dass AG-VIP flexibel agieren und sich dem Prozess anpassen kann.

Grutzeck-Software

Grutzeck-Software bietet seit mehr als 30 Jahren flexibel anpassbare CRM- Software für Vertrieb, Marketing und Service.
AG-VIP SQL wurde für Windows 7 zertifiziert und hat bereits mehrere Innovationspreise gewonnen. Wenn Sie Abläufe beschleunigen und mehr Transparenz erreichen wollen, sprechen Sie uns an.

Grutzeck-Software GmbH
Markus Grutzeck
Markus.Grutzeck@grutzeck.de

Hessen-Homburg-Platz 1
63452 Hanau
06181 - 9701-0
www.grutzeck.de

Sichere IP-Telefonie für Kabel Baden-Württemberg

Seit 2001 ist Kabel BW der Kabelnetzbetreiber in Baden-Württemberg und gehört heute mit 2,3 Millionen Kunden zu den größten Kabelnetzbetreibern in Europa. Ab 2003 baute das Unternehmen sein Kabelnetz rückkanalfähig aus, was zusätzliche Services wie IP-Telefonie und Internet ermöglichte. Damit erweiterte Kabel BW sein Angebot und bietet nun neben audiovisueller Unterhaltung auch Internet- und Telefonpakete an.

Kabel BW möchte sich mit der Bereitstellung qualitativ hochwertiger Services vom Mitbewerb abheben. Insbesondere für die Telefonie, die über das IP-Protokoll abgewickelt wird, soll eine einwandfreie Funktionalität und Performance gewährleistet sein: „Es ist das oberste Ziel, für unsere Kunden eine bestmögliche Nutzererfahrung zu jedem Zeitpunkt zu gewährleisten", so Reik Elftmann, Senior Experte IP und Voice bei Kabel BW.

Qualitätssicherung mit Hammer XMS Monitoring-System

Um diesem Anspruch gerecht zu werden, muss die Qualität der IP-Verbindungen mittels eines Monitoring-Systems permanent überprüft werden. Der Anforderungskatalog an ein solches System ist dabei sehr umfassend: Es soll das Netzwerk nicht nur schnell und effizient überwachen, sondern auch eine zügige Problembehebung ermöglichen – und zwar bevor der Kunde dies merkt. Dabei sollen wirklich alle Verbindungen erfasst werden und eine Analyse sowohl des Netzwerks im Ganzen als auch einzelner Verbindungen möglich sein. Einfache Bedienbarkeit, die schnelle und effiziente Bereitstellung von Verbindungsdaten zur Fehleranalyse, eine hohe Skalierbarkeit und eine problemlose Erweiterbarkeit der Lösung um zusätzliche Hard- und Software stellen weitere Kriterien dar. Bei gemischten Netzwerken ist es zudem essentiell, dass IP- und TDM-Verbindungsabschnitte hinsichtlich ihrer optimalen Korrelation überprüft werden können.

Auf Basis dieses Katalogs entschied sich das Unternehmen für den Einsatz der Monitoring-Lösung Hammer XMS von Empirix.

Professionelle Umsetzung mit Telenet

Das System wurde von Telenet als offizieller Distributions- und Integrationspartner von Empirix in der DACH-Region in die vorhandene Umgebung integriert. Das stetige Kundenzuwachstum bei Kabel BW und eine damit einhergehende Erweiterung des Netzwerks erforderte im Jahr 2009 ein Upgrade auf die neueste, hochskalierbare Blade-Architektur von Hammer XMS. Auch dieses Mal war Telenet Integrator.

Mit der Monitoring-Lösung wird der gesamte reale Netzwerkverkehr für die Diagnose und Echtzeit-Analyse bereitgestellt. Sowohl Systembetrieb als auch das Engineering können auf diese Weise die Systemperformance optimieren. Es können alle Netzwerkdaten bis hin zu sehr detaillierten Verbindungsinformationen wie Schnittstellengruppen (Tags) und einzelne Anrufe abgerufen werden. Ebenso wird die Signalisierung an den verschiedenen IP- und TDM-Schnittstellen überwacht. Hammer XMS korreliert dabei sämtliche Informationen einer Verbindung zu einem Datensatz, was die Zeit der Fehlersuche deutlich verkürzt. Ein leicht bedienbares web-basiertes grafisches User Interface sowie umfangreiche Drill-Down-Funktionen unterstützen den Anwender dabei, Fehlverhalten proaktiv zu erkennen und zu vermeiden. Bei der Implementierung des Upgrades bewies das System, dass es durch seinen modularen Aufbau in kürzester Zeit erweitert werden kann, ohne dass die Überwachung unterbrochen wird.

Gute Aussichten

„Zukünftig wird sich die Komplexität der IP-Services um ein Vielfaches erhöhen", schätzt Reik Elftmann, Kabel BW. „Es wird mehr und mehr Anwendungen für den Bereich der IP-Kommunikation geben. So waren zum Beispiel weltweite Erreichbarkeit und Desktopsharing, um nur einige Funktionen zu nennen, mit einem herkömmlichen Festnetzanschluss kaum realisierbar." Ein automatisiertes Überwachen der Qualität von IP-basierten Sprachdiensten ist daher auch in Zukunft für deren effiziente Entwicklung und den sicheren Betrieb essentiell.

Telenet GmbH
Kommunikationssysteme
Anita Möllering
marketing@telenet.de

Marsstraße 33
80335 München
089 - 36073-0
www.telenet.de

Buhl Data Service Center: Ganz Ohr mit Jabra-Headsets

Das Telefon bei Buhl Data klingelt oft. Das Unternehmen vertreibt die beliebten WISO Sparbuch-, WISO Mein Geld- und die WISO Monats-CD-Programme, prägt und labelt original Microsoft-CDs. Etwa 160 Mitarbeiter bearbeiten jährlich rund eine Million Gespräche zu Hotline-, Support- und Bestellanfragen. Sie laufen flächendeckend über Headsets von GN Netcom.

"Zu Beginn hatten wir eine bunte Mischung von Headsets verschiedener Hersteller – ein Problem", blickt Michel Digoh, Leiter Technik im Service Center, zurück." Da jedes Headset andere Zuleitungen und jedes Telefon andere Verbindungskabel benötigte, hatten wir eine umfangreiche Lagerhaltung. Bei einem Defekt konnten wir die Geräte nicht immer nahtlos austauschen."

Als das Unternehmen 2006 die Telefonanlage wechselte, entschied man sich, 80 binaurale USB-Headsets für die Telefonarbeitsplätze und weitere 20 binaurale Telefon-Headsets für das Coaching anzuschaffen. Die Headsets arbeiten in einer reinen VoIP-Umgebung und sind in eine UC-Lösung integriert, die neben Presence- und Chatfunktionen auch diverse Weiterleitungsoptionen bietet.

Die Auswahl der neuen Headsets erfolgte transparent, mit systematischen Tests, unter Beteiligung der Mitarbeiter und mit eindeutigem Votum für das binaurale Profi-Modell Jabra GN2100 DUO.

Haltbare Headsets – überzeugende Technik

Doch auch wenn hoher Tragekomfort, sehr guter Höreindruck und geringes Gewicht überzeugten, eine Fehlbedienung seitens der Mitarbeiter hätte fast den Wechsel der Marke bedeutet. Weil beim Kopfhörerwechsel der Mikrofonarm oft über den unten liegenden, filigranen Totpunkt gedreht wurde, brachen Kabel. Kulant tauschte der Headsetexperte alle Geräte innerhalb der Garantie aus und verbessert mit der neuen Jabra BIZ 2400-Serie diese sensible Stelle mit einem vollständig rotierenden Mikrofonarm. Hoch strapazierfähig sind die neuen Headsets auch dank Chirurgenstahl und kevlarverstärkten Kabeln. Die Akustik bekommt mit Goldkontakten und Neodymium-Lautsprechern eine optimale Basis. "Ich will ein in jeder Beziehung zuverlässig funktionierendes Gerät haben – zumal Headsets ja nicht kostenneutral sind," beschreibt Digoh zentrale Anforderungen. "Inzwischen haben wir eine Reihe dieser Headsets als USB-Variante im Einsatz." Sie verrichten ihren Dienst im Service Center einwandfrei.

Alle Administratoren nutzen drahtlose DECT-Headsets an ihrem PC. Damit können sie Mitarbeitern direkt am Arbeitsplatz helfen und sind trotzdem weiterhin erreichbar. Auch das High-End Multiuse-Modell Jabra PRO 9470 ließ sich an der Telefonanlage sofort in Betrieb nehmen, war mit dem Handy schnell verbunden und auch die Integration mit dem Softphoneclient auf dem PC über USB funktionierte sofort. Nicht weiter verwunderlich meint Digoh, denn: "Die Technik von GN Netcom überzeugte uns von Anfang an: Schon als wir 2006 die ersten USB-Headsets in die Rechner steckten, lief alles sofort. Wir mussten keine zusätzlichen Treiber installieren, es war kein Reboot der Rechner nötig", so der Technikleiter.

Hochzufrieden sind auch diejenigen, die das Headset täglich auf den Ohren haben: Sebastian Fix etwa schätzt sein binaurales Headset, weil es die Gespräche der Kollegen ausblendet und den Schall auf beide Ohren überträgt, wodurch die Verständigung mit den Kunden erleichtert wird. Schicken Kunden versehentlich ein Fax an seine Nummer, schützt PeakStop-Technologie sein Gehör.
Mit zehn Jahren Service Center Erfahrung weiß Marko Eisner, worauf es bei einem Headset ankommt: "Die Akustik von GN Netcom ist sehr gut, der Tragekomfort noch besser." Besonders erstaunlich sei die natürliche Wiedergabe der Stimmen: "Wenn wir Kunden persönlich treffen, bin ich jedes Mal überrascht, wie gering der Unterschied zwischen Headset und direktem Gespräch ist", so Eisner. Die überzeugende Qualität hatte Folgen: Auch privat nutzt Eisner inzwischen sein Lieblingsheadset – ein Jabra BIZ 2400.

Jabra®

Headsets für den professionellen Einsatz in Call Center und Büroumgebungen sind das Kerngeschäft von GN Netcom. Das dänische Unternehmen mit deutschem Sitz in Rosenheim entwickelt, produziert und vertreibt seine schnurgebundenen und schnurlosen Headsets weltweit unter der Marke Jabra.

GN Netcom GmbH
Dirk Wolf,
Sales Manager
dwolf@gn.com

Traberhofstraße 12
83026 Rosenheim
08031-2561 -0
www.jabra.com/de

Effektive Kommunikation ohne Medienbrüche

Die richtige Kommunikation zwischen Unternehmen und Kunde ist mehr denn je eine der wichtigsten Voraussetzungen für einen dauerhaften Erfolg. Nicht mehr Produkte sondern Erreichbarkeit und gute Dienstleistung entscheiden heute über den Erfolg. Umso erstaunlicher, wie sträflich oftmals Kunden bei der Kommunikation benachteiligt werden. Telefonische Nichterreichbarkeit, lange Wartezeiten bei Anfragen oder ein inkompetentes Erscheinungsbild durch falsche Ansprechpartner und fehlendes Hintergrundwissen lassen Kunden – trotz bester Produktvoraussetzungen – zum Mitbewerb wechseln. Gefragt ist hier einmal mehr die Verbesserung der Kommunikationsabläufe. Nichts kann so einfach sein…

Vollkommene Information mit CAESAR

Ein Kunde ruft an und wird umgehend mit seinem Namen begrüßt. Was ist während der Zwischenzeit bei Ihnen passiert?

Aufgrund der Rufnummer wird erkannt, um welchen Kunden es sich handelt. Alle zum Kunden relevanten Daten stehen nun aus dem CRM-System, ERP-System oder anderen Datenquellen am Bildschirm automatisch zur Verfügung. Wer ist aufgrund dieser ganzen Informationen nun der richtige Ansprechpartner in Ihrem Unternehmen?

Steht dieser gerade zur Verfügung?

So soll es sein!

Vorsprung vor dem Mitbewerber durch hochwertige Technik

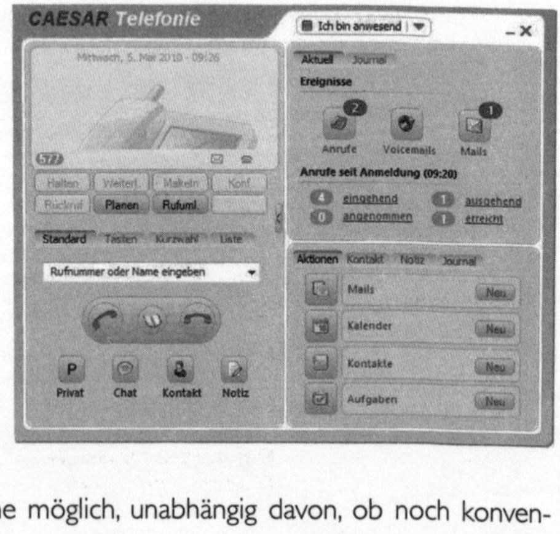

Das multimediale Contact Center CAESAR der CASERIS GmbH ist die Lösung. Hier werden alle Unified Communication Merkmale in einer Oberfläche vereint. Voll integrierbar in beliebige Mailumgebungen, angebunden an Unternehmensdaten und intuitiv bedienbar für Anwender und Administratoren, erweist sich die Lösung als optimale Unterstützung bei der Aufgabe, zufriedene Kunden noch zufriedener zu machen und neue Kunden zu erreichen. Sehr flexibel ist hier die Anbindung an beliebige Telefonanlagensysteme möglich, unabhängig davon, ob noch konventionell über ISDN oder bereits über IP gearbeitet wird. Selbst in der Kombination ist das System einsetzbar. Standortübergreifendes Arbeiten ist dabei genauso selbstverständlich, wie eine voll verfügbare und ausfallsichere Auslegung. Die Plattfom-unabhängigkeit durch Webinterfaces sowie die Möglichkeit des Einsatzes als Vermittlungseinheit (Attendant Funktion manuell oder automatisiert) runden das Spektrum ab. Dabei stehen Ihre Anforderungen im Vordergrund. Flexibel konfigurierbar ist das System an die Bedürfnisse Ihres Unternehmens anzupassen. Eine hohe Skalierbarkeit gewährleistet einen hohen Investitionsschutz auch bei wachsenden Bedürfnissen oder bei Migration.

Niedrige Betriebskosten werden durch einfache Administration und eigenständiges Erstellen von Anrufverteilregeln bis hin zur Definition der Statistiken erreicht. Schnittstellen zu CRM - Systemen, PHP - Framework und Kalenderintegration lassen keine Möglichkeit ungenutzt. Außerdem lassen sich die wirklich wichtigen Informationen auf einen Blick zusammenfassen: Kennen Sie die Wartezeit Ihrer Kunden am Telefon? Wissen Sie, wie viele Kunden Sie nicht erreicht haben und welche das waren? Kennen Sie Ihr Anrufaufkommen zu bestimmten Spitzenzeiten? Wissen Sie, wie oft ein Anrufer intern weitergeleitet wurde, bevor er den richtigen Ansprechpartner erreichte? Können Sie sich Ressourcen verschiedener Standorte teilen?

Auf all diese Fragen haben Sie mit CAESAR nicht nur eine Antwort sondern können zukünftig im Sinne eines noch zufriedeneren Kunden agieren.

CASERIS GmbH
Klaus Tophoven
Vertriebsleiter
info@caseris.de

Am Birkenfeld 1-3
52222 Stolberg
02402 - 7654-0
www. caseris.de

Airport Nürnberg – Einfach abheben

"Einfach abheben" – Das ist das Motto des Airport Nürnberg. Einfach und zielführend soll auch die Kommunikation mit den unterschiedlichen Abteilungen des Flughafens sein. Die Anforderungen waren, neben einer automatischen Anrufverteilung für den Ticketverkauf, einem Sprachportal als zentrales Flughafen-Informationssystem, auch eine Fax- und Voicemail-Anbindung an Novell Groupwise.

Sprachportal und Anrufverteilung in Einem

Für das Sprachportal an der Vermittlung wurde ein spezieller Call-Flow erarbeitet. Innerhalb von 20 Sekunden sollten Anrufer künftig von den Vermittlungsplätzen entgegengenommen werden können. Falls diese belegt sind, muss ein Überlauf auf ein integriertes, sprachgesteuertes Informationsportal erfolgen. Dabei galt es zu berücksichtigen, dass enorm viele Verzweigungen im System bestehen – nicht nur intern, sondern auch auf 0180-Nummern oder zu externen Dienstleistern. Der Anrufer kann nun durch die Abfrageplätze sowie von berechtigten Nebenstellen an das Sprachportal vermittelt werden, das beispielsweise Informationen zu Fluggesellschaften, die Auswahl von Autovermietungen und Airlines, Auskünfte zu Reisebüros etc. bereitstellt. Der Anrufer kann per Sprache oder DTMF gesteuert zu den gewünschten Informationen navigieren.

Entlastung von Routineauskünften

So bietet das Sprachportal des Airport Nürnberg den Anrufern automatisierte Informationsmöglichkeiten und entlastet die Mitarbeiter von Routineauskünften. Außerhalb der Geschäftszeiten dient das Sprachdialogsystem (IVR) als Informationssystem in verschiedenen Sprachen. Die Sprachauswahl erfolgt vom Anrufer initial per Spracheingabe. Ein weiterer Vorteil ist, dass die Dialoge gezielt auf die unterschiedlichen Bereiche abgestimmt sind.

Im Flugscheinverkauf hat sich die Erreichbarkeit durch die neue automatische Anrufverteilung (ACD) deutlich verbessert. Kombiniert mit einem Überlauf auf das Voicemail System werden nun 80 bis 90 Prozent der Anrufe beantwortet. Entgangene Anrufe können somit über die nachgeschaltete Voicemail mit Integration in Novell Groupwise per Rückruf beantwortet werden.

Unified Messaging Integration in Novell Groupwise

Mit Anbindung an die Telefonanlage mit 1.200 Nebenstellen wurde eine Unified Communications Lösung mit Fax und Voicemail in das vorhandene Mailsystem Novell Groupwise integriert. Somit ist der Faxversand über einen Fax-Button direkt aus Groupwise möglich.

datac Kommunikationssysteme GmbH
Sabine Erlebach
sabine.erlebach@datac-gmbh.de

Max-von-Laue-Str. 9
86156 Augsburg
0821 - 42090-121
www.datac-gmbh.de

Kunden-Self-Service für Netzbetreiber: Routing, Statistiken und Dienste-Entwicklung in einem Web-Portal

Was in der IT schon seit vielen Jahren üblich ist, davon ist die Telekommunikation noch weit entfernt, Offenheit und Standardisierung. Die Folge sind sehr heterogene Landschaften, ineffiziente Call-/Work-Flows und – wenn überhaupt vorhanden – Kundenschnittstellen im Internet, die außer dem Logo wenig miteinander gemein haben.

One Page to the Customer

Die Idee, die nun in der Praxis erfolgreich umgesetzt wurde, ist so einfach wie innovativ: ein Portal im Internet, das den externen und internen Nutzern eines Netzbetreibers oder Service-Providers sämtliche Leistungen und Funktionen in einem einheitlichen „Look and Feel" präsentiert. Hinter einem Log-in findet der Kunde nun seine Statistiken, seine Abrechnungen, seine Rufnummern, seine Applikationen, seine Routings, seine eigenen Agenten, seine externen Call-Center, seine Datenbank-Schnittstellen, seine Kurzwahlen, seine SMS-Keywords, seine eingehende Faxe, Sprachaufzeichnungen, Rückrufwünsche und Emails, etc., etc. Eben Alles!

Neueste Internettechnologie verbindet Systeme

Die zugrundeliegende Web-Technik ist völlig unabhängig von einzelnen Telekommunikations- oder IT-Systemen. Als Schirm spannt es sich sozusagen über die komplette vorhandene Infrastruktur. So präsentieren sich dem Nutzer „nach vorne" sämtliche Elemente in einem einheitlichen Design. „Nach hinten" werden die einzelnen Systeme über beliebige Schnittstellen angebunden. So findet zusammen, was heute üblicherweise nicht zusammen passt.

Standard-Funktionen, wie Mandantenfähigkeit, Rechtemanagement, Ressourcenverwaltung und Skinning (Anpassung der graphischen Darstellung) sind von Haus aus mit an Bord.

Der Clou: Applikationen systemübergreifend entwickeln

Das Web-Portal verfügt über eine graphische Benutzeroberfläche (GUI). Hiermit können per „drag and drop" die einzelnen Elemente eines Call-, bzw. besser: Work-Flows abgebildet werden. Hinter jedem dieser Objekte befindet sich ein XML-Code, der es in einer standardisierten und universellen Form beschreibt. Ein Objekt kann eine hochkomplexe, vorhandene ACD sein oder auch nur eine IVR-Ansage. Die Entwicklung von Anwendungen im Speziellen und dem Portal im Allgemeinen kann der Betreiber somit selbst mit seinen JAVA-Web-Entwicklern durchführen.

Die eierlegende Wollmilchsau

Mit der XML-basierten Entwicklung lassen sich nun unabhängig von den im Hintergrund laufenden Systemen plattformübergreifende Workflows als Applikation definieren. Im ersten Schritt könnte bspw. eine Ansage von einer Asterisk gespielt werden. Danach käme eine ACD eines Call-Center Dienstleisters zum Einsatz. Sofern diese keinen Agenten gefunden hätte, könnte eine IVR mit Spracherkennung zum Einsatz kommen, an deren Ende der Anrufer eine SMS geschickt bekäme und der (nicht erreichbare) Agent eine Email. Das alles natürlich nur, wenn der Anrufer unbekannt war. Denn sonst hätte das datenbank-basierte Routing den Anrufer direkt in das inhäusige VIP-Call Center durchgestellt und dem annehmenden Agenten die passende Maske mit den Daten des Anrufers automatisch geöffnet.

Ob Konzern, Dienstleister, Call Center Betreiber, Mehrwert-Diensteanbieter, Service-Provider oder Telefongesellschaft: in vielen Bereichen lassen sich Service-Qualität steigern, Produktions- und Entwicklungskosten senken und Produktinnovationen schaffen.

JTEL

JTEL ist ein international tätiges Systemhaus für softwarebasierte Telekommunikations-Systeme. Die Spezialgebiete sind ACD, Daten- & Audio-Konferenz, IVR, Lösungen für das Intelligente Netz sowie deren mandantenfähige Steuerung über Web-Portale.

JTEL GmbH
Lewis Graham
lewis.graham@jtel.de

Erdinger Straße 10
85570 Markt Schwaben
08121 - 2508811
www.jtel.de

Jung von Matt – neue Wege der Kundengewinnung

Sprachtechnologie und Spracherkennung werden bisher vor allem im industriellen und im unternehmerischen Umfeld genutzt. Im Bereich Unified Communications beispielsweise wird so die Kommunikation vereinfacht und effektiver gestaltet. Die Interaktion mit dem Nutzer zielte bisher auf einfache Bedienung und Effektivität ab. Leadgenerierung, Kundenkommunikation oder auch Neukundengewinnung war kein Thema. Die Werbeagentur Jung von Matt hat die Sprachtechnologie für den Entertainmentmarkt entdeckt und zeigt mit dem interaktiven Kinofilm neue Potentiale des Einsatzes auf.

Spracherkennung als Marketinginstrument

Die Idee, potentielle Neukunden durch einen interaktiven Film anzusprechen wurde weltweit zum ersten Mal umgesetzt. „Last Call“ wurde für den Fernsehsender 13th Street als innovative Maßnahme der Kundenansprache realisiert.

Ziel war es, den Fernsehsender bekannter zu machen und zudem neue Zuschauer zu gewinnen. Gerade durch die Interaktion mit der Hauptdarstellerin und das Setup als Horrorfilm erreicht der Film eine besonders emotionale Ansprache der Zuschauer. Dies zielt darauf ab, dem Publikum lange im Gedächtnis zu bleiben und durch Mundpropaganda bekannt zu werden.

Last Call – der Zuschauer als Kinoheld

Vor der Aufführung wird der Zuschauer aufgefordert seine Mobilfunknummer an eine Kurzwahl zu schicken. Dadurch registriert er sich und erhält die Möglichkeit, mit der Hauptdarstellerin in Interaktion zu treten. Während des Films erleben die Zuschauer, wie die Darstellerin von einem psychopathischen Mörder gejagt wird. Sie flieht verzweifelt durch die Ruinen einer Anstalt, findet ein Mobiltelefon und versucht Hilfe zu rufen. An ausgewählten Stellen der Handlung wird eine speziell von Powerflasher entwickelte Software dazu eingesetzt, einen Zuschauer auszuwählen, den die Darstellerin „anruft“. Seine Antwort wird per Spracherkennung in einen Befehl umgewandelt, der eine entsprechende Filmsequenz auswählt. Der Zuschauer beeinflusst so mit seinem Kommando die Handlung und den Ausgang des Films.

Der Markt erkennt die Möglichkeiten

Bereits die ersten Aufführungen von „Last Call" sorgten national und international für Aufregung und Begeisterung. Das Presseecho war laut und auch im Bereich Social Media wurde der Film begeistert diskutiert. Über Wochen war er Top-Thema in verschiedenen Blogs, bei Twitter und auch auf Youtube, wo ein Zusammenschnitt der ersten Aufführung veröffentlicht wurde. Besonders die emotionalen Reaktionen des Publikums und der Eindruck einer realistischen Dialogführung zwischen Darstellerin und Zuschauer wurde begeistert diskutiert. Das Marketingziel, wurde schon jetzt größtenteils erreicht, weitere Vorführungen sind in Planung und werden in Kürze stattfinden. Der Sender und auch alle anderen am Projekt beteiligten Unternehmen konnten positive Pressestimmen und einen erhöhten Bekanntheitsgrad verbuchen.

Zudem wurden durch das Projekt auch andere Agenturen und Unternehmen aus den Bereichen Entertainment und Freizeit auf die Möglichkeiten des Einsatzes von Sprachtechnologie aufmerksam. Neue Projekte, in denen Spracherkennung oder auch andere Voice Lösungen eingesetzt werden, sind in Kürze zu erwarten.

Der Erfolg dieses Projektes liegt nicht zuletzt in der Mixtur der Unternehmen, die die Realisierung und Konzeption begleitet haben. Die Berater der aixvox transportierten dabei die Möglichkeiten die Sprachkommunikation bietet zu den Kreativen der Medienbranche. So wurde aus der Idee die Jung von Matt für Ihren Kunden hatte, durch die Erfahrung und Marktkenntnisse der Berater der aixvox ein herausragendes Erfolgserlebnis. Der Film erhielt bei den New York Festivals einen Grand Prix und in Cannes 5 der begehrten Löwen, davon zwei goldene.

aixvox

Die aixvox GmbH aus Aachen ist ein international tätiges Beratungs- und Dienstleistungsunternehmen, dessen Fokus auf der Optimierung der Kundenkommunikation in den Bereichen Unified Communications, Sprachanwendungen, Marketing, Public Relations und Training liegt.

aixvox GmbH
Detlev Artelt
Geschäftsführer
da@aixvox.com

Monheimsallee 22
52062 Aachen
0241- 4133 100
www.aixvox.com

Mehr Gäste in der Pension mit Video Kommunikation

Die Pension Münchner Kindl im schönen Kurort Bad Kissingen plagen die gleichen Probleme, wie viele andere Unternehmen ihrer Branche. Kunden und potentielle Gäste möchten immer genau in dem Moment Informationen über die Pension, Zimmer buchen oder abreisen, wenn die Rezeption nicht besetzt ist. Viele Unternehmen reagieren darauf mit erhöhtem Personaleinsatz, auch wenn die Mitarbeiter dann oftmals nur sehr gering ausgelastet sind.
Für wichtige Fragen wird trotzdem das Management benötigt, doch dies ist meistens an einem ganz anderen Ort und betreut ggf. gerade weitere Gäste. An dieser Stelle ist aktuelle Technik gefragt, die Freiheiten für den Betreiber schafft.

Mit Bild und Ton

Die Pension hat eine moderne Türsprecheinrichtung vom Hersteller Baudisch in Betrieb genommen. Diese Anlage erlaubt es dem Kunden an der Tür zu klingeln, setzt dabei aber auf ein ganz anderes Verfahren als die übliche Schelle. Der Kunde oder Interessent wird mit dem Betreiber einige Kilometer entfernt per Telefon und Videogespräch verbunden. So lassen sich viele der wichtigen Anliegen sofort und mit vollster Kundenzufriedenheit abwickeln. Dabei wird keine aufwendige Technologie verwendet sondern lediglich gut aufeinander abgestimmte Komponenten wie z.B. eine Fritzbox, übliche DSL Leitungen und natürlich das Internet. Ein Gespräch wird zuerst per Telefon aufgebaut und kann in der Pension, auf dem Handy oder irgendwo unterwegs angenommen werden. So ist der Betreiber immer in guter Kommunikation mit dem Gast und hat trotzdem alle Freiheiten.

Die Technik dahinter

An der Haustür wurde das Baudisch IP-Kamera Modul nebst einer SIP-Türsprechstelle installiert. Der Vorteil dieser Geräte liegt in der Nutzung des Internetprotokolls zur Übertragung von Bild und Ton. Da in einem alten Gebäude logischerweise an der Haustür kein Netzwerkanschluss vorhanden ist, wurde diese Verbindung über das Stromkabel per Powerline hergestellt.

Zwei handelsübliche Adapter verbinden so die Haustür mit dem Netzwerk in der Pension. Die Standorte sind mit einem VPN Tunnel verbunden und somit kann der Betreiber jederzeit einen Blick vor die Haustür der Pension werfen. Klingelt ein Gast oder Interessent wird dieser sofort bedient. Falls er aber doch einmal kurz verpasst wird, lässt sich die Türsprechstelle, die auch eine Festnetznummer hat, einfach anrufen und dem Gast vor der Tür wird geholfen.

Gesteuert wird in Australien

Der Clou an dieser Konfiguration ist zudem, dass die Wartung und Betreuung der Lösung von Heinz Teichmann, dem Sohn des Betreibers, aus Perth in Australien erledigt wird. Da alle Komponenten mit dem Internetprotokoll arbeiten und über ein VPN abgesichert sind, kann Heinz Teichmann alle Einstellungen bequem von „Down Under" erledigen.

„Das ist die ideale Lösung für unsere Anwendung, solide verarbeitet, zu einem fairen Preis" sagt der Betreiber. Heinz Teichmann „Wir erlangen so einen super Kundenservice mit direktem Ansprechpartner und haben immer ein offenes Ohr für unsere Kunden, wo immer wir auch gerade arbeiten."

Dieses Beispiel zeigt sehr deutlich, dass der Mix aus guten Komponenten, deutschem Ingenieursdenken und ein wenig Kreativität einen ganz besonderen Kundenservice zur Verfügung stellen kann. Zudem hat der Betreiber gleichzeitig eine höhere Lebensqualität, da er in seinem heimischen Umfeld die Belange des Unternehmens, also der Pension, komfortabel steuern kann.

Baudisch Electronic

Baudisch Electronic GmbH, vor 18 Jahren als Entwicklungsbüro gegründet, bietet heute umfassende Dienstleistungen rund um die Entwicklung und Herstellung von elektronischen Geräten und Systemen und führt Prüfungen und Beratungen zur elektromagnetischen Verträglichkeit im eigenen Labor durch. Außerdem entwickelt und stellt Baudisch eigene Produkte im Bereich der Kommunikations-und Sicherheitstechnik her.
Mit den SIP-Türsprechstellen ist Baudisch Electronic Vorreiter in Sachen IP-Türkommunikation. In kürzester Zeit entsteht bei Baudisch auf der Basis eines umfangreichen Technologiepools ein optimales Neuprodukt, das vom Einzelstück bis zur Serie im eigenen Haus entwickelt und hergestellt wird. Dabei werden auch kundenspezifische Produkte exklusiv für einen einzigen Kunden umgesetzt, wobei alle Vorgänge der Geheimhaltung unterliegen und das Produkt den Namen des Kunden trägt.

Baudisch Electronic GmbH
Peter Baudisch
Geschäftsführer
vertrieb@baudisch.de

Im Gewerbegebiet 7-9
73116 Wäschebeuren
07172 - 926130
www.baudisch.de

Stadtmail – Das Portal für Mitmachbürger

Wie können sich die Bürger einer Stadt online miteinander vernetzen? Wie organisieren sich Vereine innerhalb der Kommune? Wie tritt die Stadt direkt in Kontakt mit ihren Bürgern? Wie werden öffentliche Termine einem breiten Publikum transparent präsentiert?

Mit dem von mediaBEAM entwickelten Produkt „Stadtmail" hat jede Kommune die Möglichkeit, direkt mit ihren Bürgern über ein Online-Portal in Kontakt zu treten und somit auch die Nicht-Zeitungsleser und die junge Generation zu erreichen. In Ergänzung zur offiziellen Stadt-Webseite bietet dieses Portal den Bürgern Funktionen wie Webmail, SMS, MMS, Fax, sowie eine Adressen- und Terminverwaltung. Auch ein Stadtwiki, sowie Bildergalerien und Pinnwände für Vereine, Firmen und öffentliche Institutionen wurden in dieses Online-Portal integriert. Alle Bürger haben so die Möglichkeit, sich elektronisch miteinander zu vernetzen. Es entsteht ein neues Soziales Netzwerk auf Lokalebene, ein Online-Portal individuell auf die Stadt zugeschnitten, mit ausschließlich lokalen Informationen.

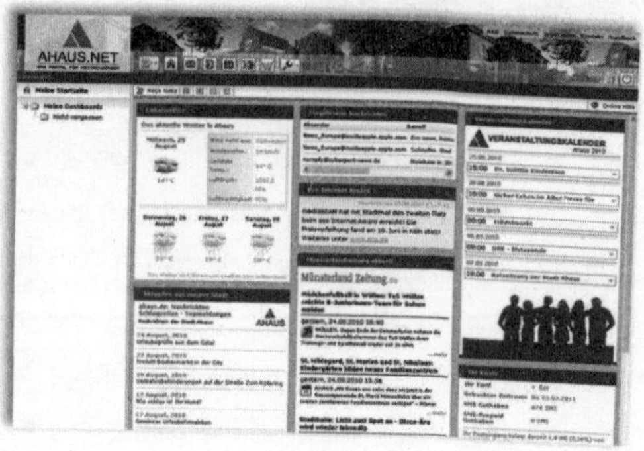

Durch dieses neuartige Portalkonzept nehmen Bürger auch online am Stadtgeschehen teil, indem sie sich mit ihren Mitbürgern vernetzen. Die Stadt hat somit einen „direkten Draht" zu ihren Bürgern und erreicht auch die Nicht-Zeitungleser. Jeder Bürger kann auf diesem Stadt-Portal Informationen veröffentlichen und gezielt mit anderen Bürgern kommunizieren. Neuigkeiten, Termine und Events, Kontaktdaten, sowie Bilder können direkt untereinander ausgetauscht werden. Zudem kann sich jeder Bürger seine eigene kostenfreie Stadt-E-Mail Adresse nach dem Muster max.mustermann@stadtname.de einrichten und bekundet gleichzeitig mit jeder gesendeten E-Mail, dass er sich mit seiner Heimatstadt identifiziert.

Persönliche Pinnwand

In diesem neuen Stadt-Portal informiert sich der Bürger über das Lokalwetter, die neuesten Nachrichten und Termine seiner Vereine, sowie über Top-News der Stadt und seiner Nachbarschaft. Mit Hilfe einer individuellen Pinnwand kann sich jeder Bürger seine Nachrichtenzentrale selbst zusammenstellen, indem er einzelne Newsquellen an seine Pinnwand „heftet". Alle externen Neuigkeiten werden dabei auf Basis von RSS-Feeds stets aktualisiert vorgehalten.

Webmail, SMS, MMS, Fax, E-Cards

Die E-Mail ist nach wie vor das Kommunikationsmittel Nummer eins. Jeder Stadtmail-Nutzer erhält auf Wunsch seine eigene Stadt-E-Mail-Adresse. Zudem beinhaltet Stadtmail viele Zusatzfunktionen wie SMS- und MMS-Versand, Faxversand und -Empfang sowie elektronische Grußkarten mit Bildmotiven der Stadt.

Kalender

Alle offiziellen Termine der Stadt werden direkt auf der persönlichen Startseite des Bürgers angezeigt. Jeder Terminkalender kann auch anderen Portal-Nutzern zur Verfügung gestellt werden. Sportvereine, Schulen und andere Institutionen können ihre Termine somit ganz einfach publizieren.

Zusammenfassung

Stadtmail fasst das Beste aus Webmail-, Social Networking- und Lokalnews-Plattformen in einem Online-Portal zusammen. Bürger vernetzen sich mit Hilfe dieses Produktes auf Lokalebene. Das Produkt befindet sich bereits als White-Label-Lösung in verschiedenen Städten in Deutschland im Einsatz. Immer in enger Kooperation mit der Kommune, so dass auch Spezialwünsche realisiert werden können.

mediaBEAM GmbH
Jochen Meyer
contact@mediabeam.com

Parallelstr. 38
48683 Ahaus
02561 - 695-111
www.mediabeam.com
www.stadtmail.com

tevitel AG - professionelle Konferenzserver für Industrie und Behörden

Aus Unternehmen sind Telefonkonferenzen mittlerweile nicht mehr wegzudenken. Telefonkonferenzen verbessern die Arbeitsabläufe zwischen Kunden und Mitarbeitern und helfen, gemeinsame Fragen und Projekte zu besprechen. Mitarbeiter oder Entscheidungsträger können auch dann in ein Gespräch mit einbezogen werden, wenn sie örtlich nicht erreichbar sind oder weit auseinander sitzen. In Behörden werden so schnell Abstimmungen zwischen örtlich verteilten Dienststellen oder mobilen Polizeieinsatzkräften realisiert. Die tevitel AG, Telekommunikationshersteller aus Berlin, sieht in diesem Geschäftsbereich aufgrund der Globalisierung und Zunahme von Webinaren starkes Wachstumspotential. Für seinen Kunden TREUREAL, eine Unternehmensgruppe an 23 Standorten, die 75.000 Miet- und Eigentumswohnungen sowie drei Mio. m² Gewerbeflächen verwaltet, entwickelte das Unternehmen ein neuartiges Konferenzserver System für die individuellen Anforderungen sowie zur Kostenreduktion der bisherigen Konferenzschaltungen über Dienstleister.

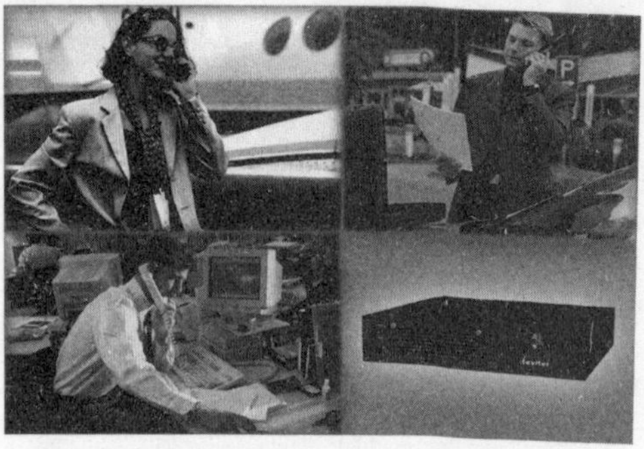

Sicherheit geht vor

Der tevitel.Konferenzserver unterstützt bis zu 60 simultane Teilnehmer in beliebig vielen Konferenzräumen. Konferenzteilnehmer können über Dial-In- und Dial-Out-Verfahren vermittelt werden. Die Vorstellung neuer Konferenzteilnehmer, der automatische Konferenzaufbau zwischen mobilen Einsatzkräften und die digitale Aufzeichnung von Telefonkonferenzen spiegeln die Leistungsfähigkeit des Konferenzsystems wider. Doch neben guter Sprachqualität und hoher Verfügbarkeit zählt insbesondere die Sicherheit und Wahrung der Vertraulichkeit von Telefonkonferenzen. Hier eröffnen sich für den Anwender vielfältige Möglichkeiten der Absicherung durch persönliche PIN, Konferenz-PIN, Verwählschutz, Einwahlsperre, Black/Whitelist bis hin zur Verschlüsselung von Telefonkonferenzen, die durch optionale Systeme realisiert wird. Die BSI-Zulassung erlaubt den Einsatz in sicherheitsensitiven Bereichen und war ein wesentliches Kriterium für die Entscheidungsfindung im Innenministerium Baden Württemberg oder bei der Polizei in Dortmund, die ebenfalls dieses System im Einsatz haben.

Schön zu hören...

Neben dem Sicherheitsaspekt schätzt der Kunde TREUREAL die hervorragende Sprachqualität und Systemstabilität. Ein weiteres Entscheidungsmerkmal waren die offenen Schnittstellen, die der tevitel. Message-Servers und das tevitel.Email-Interface bieten. Diese Schnittstellen erlauben die einfache Integration von Funktionen zur Konferenzverwaltung und zur Konferenzüberwachung in eigene WEB-Anwendungen. Mit dem tevitel.CallAnalyzer sind ausführliche Analysen und Verkehrsmessungen möglich, so dass genaue Nutzungsprofile erstellt werden können und um z.B. die Unterhaltskosten auf Kostenstellen zu schlüsseln.

tevitel AG
Dietmar Bräuer
d.braeuer@tevitel.de

Schwedenstraße 9
13359 Berlin
030 - 302030
www.tevitel.de

Selfservices auf Basis der Voice-Biometrie bei der Deutschen Post DHL

Zusammen mit dem Dienstleister T-Systems betreibt die Deutsche Post DHL seit 2008 für ihre Mitarbeiter in Deutschland den telefonischen Selfservice Automatisierte Passwort Rücksetzung (APWR). Nach einer etwa 7 Minuten dauernden Registrierung mittels eines Telefonats speichert der Selfservice APWR verschlüsselt biometrische Stimmabdrücke des Anwenders in digitaler Form (Zahlenreihen). In folgenden Anrufen erkennt der Selfservice den Anwender eindeutig wieder und steht ihm für sicherheitssensible Dienste wie zum Beispiel die Generierung und Ansage eines neuen Windows Passwortes zur Verfügung.

Der manuelle Vorgang der Passwort Rücksetzung wird durch diesen komfortablen und zugleich sehr sicheren Selfservice von durchschnittlich mehreren Stunden auf ein zwei Minuten langes Telefonat verkürzt. Das bedeutet eine deutliche Reduzierung der PC-Ausfallzeiten im Unternehmen und somit eine wesentliche Erhöhung der Mitarbeiter-Produktivität. Zusätzlich spart die Deutsche Post DHL durch diese Prozessoptimierung erheblich Servicedesk-Kosten ein. Auch die Sicherheit des Verfahrens wird deutlich gesteigert. Das Verfahren ist durch TÜViT und das Bundesamt für Sicherheit in der Informationstechnik zertifiziert.

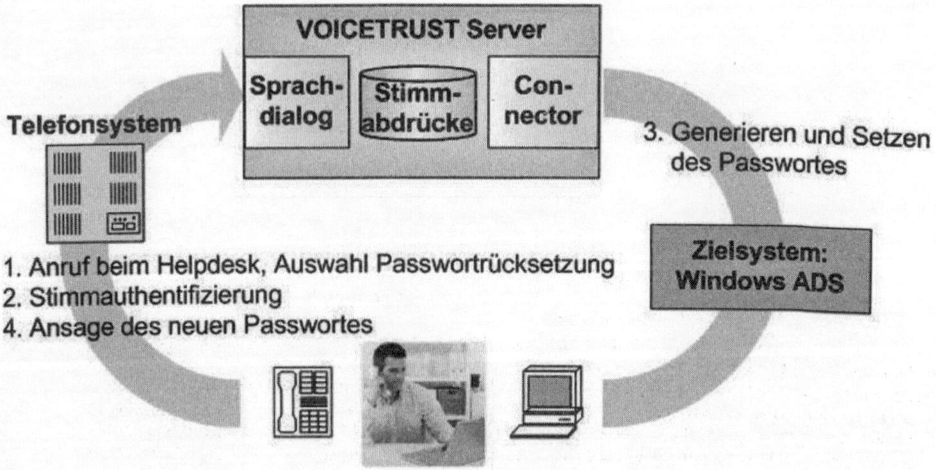

Datenschutz/Datensicherheit

Drei Stimmabdrücke werden nach dem viermaligen Nachsprechen von zufällig zusammengesetzten Namenspaaren gebildet und einem Anwender fest zugeordnet, ein viertes – aus der Windows-Anwenderkennung. Anschließend werden diese zur eindeutigen Verifizierung eines Anwenders nach dem Zufallsprinzip herangezogen. Stimmabdrücke werden in einer exklusiven Umgebung sicher abgelegt und können nicht für andere Zwecke missbraucht werden.

Massnahmen zur Erhöhung der Nutzerakzeptanz

Die Anwender entscheiden sich auf freiwilliger Basis für eine Registrierung. Da die Akzeptanz der Nutzer das wichtigste Erfolgskriterium des neuen Services darstellt, wurde der Sprachdialog mittels Wizard-of-Oz Methoden optimiert und in einem Piloten aufwändig getestet. Heute nutzen 50% der 40.500 PC Anwender der Deutschen Post DHL das neue, automatisierte und schnelle Verfahren. Zusätzliche Selfservices wie die Entsperrung der Festplattenentschlüsselung und Passwort Safe sollen die Akzeptanz weiter erhöhen.

Deutsche Post DHL

Deutsche Post DHL ist der weltweit führende Post- und Logistikkonzern.
Die Konzernmarken Deutsche Post und DHL stehen für ein einzigartiges Portfolio rund um Logistik (DHL) und Kommunikation (Deutsche Post). Die Gruppe bietet ihren Kunden sowohl einfach zu handhabende Standardprodukte als auch maßgeschneiderte, innovative Lösungen – vom Dialogmarketing bis zur industriellen Versorgungskette. Dabei bilden die rund 500.000 Mitarbeiter in mehr als 220 Ländern und Territorien ein globales Netzwerk, das auf Service, Qualität und Nachhaltigkeit ausgerichtet ist. Mit seinen Programmen in den Bereichen Klimaschutz, Katastrophenhilfe und Bildung übernimmt der Konzern gesellschaftliche Verantwortung. Deutsche Post DHL erzielte 2009 einen Umsatz von mehr als 46 Milliarden Euro.

Die Post für Deutschland. The Logistics company for the world.
Weitere Informationen unter www.dp-dhl.de

Deutsche Post DHL
Waldemar Kammerloch
w.kammerloch@
deutschepost.de

Strässchensweg 10
53113 Bonn
0228 - 182-47014
www.dp-dhl.de

Converse.de – zielgruppengetreuer Webauftritt

Kaum anderswo als auf der eigenen Website kann man die eigene Zielgruppe besser von seinem Angebot überzeugen. Der Kunde ist bereits freiwillig da, interagiert mit dem Brand und kann mit Grafik, Text, Animation, Video und Ton emotional überzeugt werden. Kein anderes Medium hat eine derartige Vielfalt und Chance, aber damit auch Risiken.
Egal ob die Zielgruppe für das eigene Produkt jung, alt, weiblich, männlich, Schlipsträger oder Punk ist – jeder kann mit der richtigen Ansprache begeistert werden.

Ein schönes Beispiel ist der vielfach preisgekrönte Relaunch von www.converse.de, den die Powerflasher GmbH aus Aachen umsetzen durfte.

Bei Converse wird es wie bei kaum einer anderen Marke deutlich. Der für den Vertrieb in Deutschland zuständigen All Star D.A.C.H. GmbH ist dies bereits seit Jahren klar. Nachdem Powerflasher als Agentur kreativ und technisch bereits überzeugt hatte, war vor allem das Markenverständnis für den Zuschlag entscheidend. Willy Umland, Geschäftsführer bei All Star D.A.CH.: „Die Powerflasher haben uns mit ihren kreativen Design- und userfreundlichen Konzeptideen, die unseren ganz speziellen Stil bis ins Detail berücksichtigen, vollends überzeugt."

Katalog mal anders

Das gesamte Angebot der aktuellen Saison-Kollektion von Chuck Taylor über Extensions bis hin zu Sportschuhen, Taschen und Textilien wird online noch kunden- und bedienerfreundlicher präsentiert. Mehrwerte und Kundenbegeisterung sind dabei elementar. So ist das Zentrum der neuen Webseite ein Showroom. Dort können User über einen vorliebenorientierten Produkt-Finder innerhalb der vollständigen Produktpalette sowohl ein einzelnes Modell schnell finden, als auch in aller Ruhe stöbern. Neben dem aufgefrischten, brandorientierten Design wurde mit einer neuen Navigationsstruktur die komplette Usability an die Zielgruppe angepasst.

Im Katalog bewegt sich der Kunde im Converse-Stern durch das Produktangebot und kann direkt mit einem Avatar kommunizieren. Hierzu wurden zahlreiche Videotakes mit einem realen Schauspieler gedreht. Alle Positionen und Körperhaltungen wurden anschließend aufwändig nachbearbeitet, um einen flüssigen Bewegungsablauf der künstlichen Figur zu erreichen.

Auch für Converse ist die neue Webseite äußerst benutzerfreundlich: Über ein komfortables CMS können Händlerdaten und News sehr einfach eingepflegt werden. Die Seite erhält zur Darstellung von Kampagnen und Kollektionen mit hohem Wiedererkennungswert verschiedene Module mit gleichem Aufbau. Diese Module beinhalten jeweils einen Mediaplayer mit Slideshow und Text.

Die Marke leben, zeigen und emotional binden

Gute Zielgruppenkommunikation funktioniert nur konvergent über alle Medien hinweg. So mussten die Kampagnen der Kultmarke auch im Web weitergeführt werden. Converse suchte u.a. auf den großen Sommer-Festivals ‚Southside' und ‚Melt!' die emotionalsten Musik-Momente der Fans. Dafür bekamen Konzertbesucher bei den Converse Resellern eine spezielle Converse Cam um ihre individuellen Musikerlebnisse auf den Festivals und Konzerten festhalten. Kamera und Fotos konnten direkt beim Konzert vor Ort wieder abgegeben werden. Belohnt wurden die Teilnehmer dafür mit besonderen Backstage Upgrades.
Einen Vorgeschmack darauf erhielten die Besucher von www.converse.de in dem von den Powerflashern kreierten Kampagnentrailer, der gezielt Emotionen, Spaß und Lebensgefühl multimedial in Szene setzte. Schließlich wurden die besten Bilder der User direkt auf der Seite dargestellt.

Die Begründung der Jury zur Verleihung des IF communication design Award GOLD 2009: „Der neue Auftritt von Converse.de ist eine super Markeninszenierung im digitalen Bereich. Eine sehr stimmige und klare Nutzerführung ermöglicht über die Auswahl der dargestellten Produkte detailreichere Informationen. Somit ist eine Reduktion auf das Wesentliche dieses doch eher komplexen Produktprogramms wunderbar gegeben. Große und dynamisch erscheinende Bilder schaffen eine gute und ehrliche Produktdarstellung."

POW ERFLA SHER

Die Powerflasher GmbH entwickelt seit 1997 multimediale Lösungen und ist mit über 1000 Referenzen einer der führenden europäischen Anbieter. Das feste ca. 40-köpfige Spezialisten-Team der drei Units „Agency", „Solutions" und „Labs" produziert ganzheitlich komplexe Lösungen von der Konzeption über das Design, die Usability bis hin zur vollständigen Entwicklung. Das bereits 1997 von Carlo Blatz gegründete Unternehmen, setzte seither über eintausend Referenzprojekte erfolgreich um, darunter viele für namhafte Agenturen und Kunden wie Converse, Deutsche Telekom und Jung von Matt.

Powerflasher GmbH
Carlo Blatz
info@powerflasher.de

Belvedereallee 5
52070 Aachen
0241 - 91880230
www.powerflasher.de

bluvo – 30 Prozent effektiver dank VoIP

Wie groß der Aufwand für die Kommunikation tatsächlich ist, hat die UCL GmbH aus Lünen erst gemerkt als die Mitarbeiter auf einmal viel mehr Zeit hatten und produktiver wurden: nachdem bluvo die alte Telefonanlage gegen eine neue Kommunikationslösung ausgetauscht hatte. Dank der neuen Anlage arbeitete UCL sofort 30 Prozent effektiver. Das war viel mehr als die Geschäftsführung erwartet hatte. Studien zeigen: Selbst kleine Mittelständler sparen mit einer solchen Lösung bereits im ersten Jahr über 100.000 Euro. Das Potenzial ist sogar erheblich größer.

Amortisiert im ersten Jahr

Das Umwelt-Controll-Labor (UCL) in Lünen untersucht jeden Monat hunderte Wasser- und Bodenproben. Bei jeder einzelnen können Rückfragen auftreten. Für die Kommunikation braucht UCL eine gute Infrastruktur. „Die Anforderungen an die Infrastruktur steigen", weiß Projektleiter Tobias Becker. Seine Kunden haben immer weniger Zeit. „Wir müssen zentral und schnell erreichbar sein."

Das Konzept hinter der Lösung heißt „Unified Communications und Collaboration" (UCC), also die vereinheitlichte Kommunikation und Zusammenarbeit im Unternehmen. Spezialist für UCC an Rhein und Ruhr ist die bluvo AG. Kern ihrer UCC-Strategie ist eine softwarebasierte IP-Kommunikationslösung aus dem Hause Swyx.

Die alte Telefonanlage wird samt Wartungsvertrag überflüssig – die Sprachkommunikation wird nahtlos in das vorhandene IT-Netzwerk integriert. Eine Lösung, bei der kein Anruf verloren geht, der Anrufer automatisch mit dem richtigen Mitarbeiter verbunden wird und auch Handys eingebunden sind.

Eine unabhängige Untersuchung am Beispiel eines mittelständischen Unternehmens ergab, dass sich die Anschaffungskosten der neuen Lösung schon im ersten Jahr amortisieren. Das Unternehmen spart bei 77 Mitarbeitern jedes Jahr über 100.000 Euro an Telefongebühren und Arbeitszeit.

Eine einfache Umstellung

Jedes Mal wenn bei UCL jetzt ein Kunde anruft, öffnet sich am Bildschirm ein Fenster mit allen notwendigen Kundeninformationen. „Der Kunde fühlt sich persönlicher angesprochen, wenn sein Betreuer gleich weiß, worum es geht", hat Becker beobachtet.

Bei Fragen sieht der Kundenbetreuer sofort, welcher Spezialist erreichbar ist. Mit zwei Mausklicks kann er eine Telefonkonferenz einleiten. Der Kunde ist bedient und steckt nicht in Warteschleifen fest. Auch unterwegs greift die Telefonlösung: „Egal wo sich der Mitarbeiter aufhält, er ist über seine normale Durchwahl erreichbar, die automatisch an Handy oder Home-Office weiter verbindet. Und wir müssen nicht den Außendienstmitarbeitern nachtelefonieren."

UCL hat sich leicht von der klassischen Telefonanlage getrennt. „Wir waren die ganze Zeit erreichbar", schildert der Projektleiter. „Die Umstellung war ganz einfach."

Und das war erst der Anfang. Auf dem gleichen Weg lassen sich Arbeitsabläufe automatisieren und Informationen leichter verfügbar machen. „Unsere IT-Lösungen vernetzen alle Informationen", sagt bluvo-Vorstand Marcus Vogel. Sie sorge dafür, dass die Produktivität steigt und Informationen punktgenau zur Verfügung stehen. Marcus Vogel verspricht: „Jede Information ist verfügbar, leichter zu finden und vernetzt." Der Einsatz dieser Hard- und Software-Lösung lohnt sich nach seinen Beobachtungen bereits für Unternehmen ab 20 Mitarbeitern.

UCL-Projektleiter Tobias Becker jedenfalls ist überzeugt: „Alles geht leichter und schneller. Wir arbeiten 30 Prozent effektiver."

Mobile Conferencing – Telefonkonferenzen unterwegs organisieren

Die Projektleiter der levigo systems gmbh sind viel auf Reisen. Damit sie auch unterwegs Telefonkonferenzen verabreden und durchführen können, nutzen sie das Mobile Conferencing App für BlackBerry® von Lindenbaum.

Stellen Sie sich vor, Sie stehen kurz vor Abfahrt Ihres Zuges mit Ihren Geschäftspartnern am Bahnsteig und alle reisen in verschiedene Richtungen weiter. Es gibt noch viel zu besprechen. Die Minuten vor der Abfahrt werden dazu nicht ausreichen. Außerdem sollen noch weitere Kollegen bei den folgenden Diskussionen dabei sein. Sie werden so schnell wie möglich eine ausführliche Telefonkonferenz organisieren und abhalten müssen.

Telefonkonferenzen mit einem Klick

Das geht jetzt noch einfacher: Buchen Sie diese Konferenz mit der Mobile-Conferencing-Anwendung von Lindenbaum und Ihrem BlackBerry® noch auf dem Bahnsteig. Wählen Sie die Teilnehmer direkt im Adressbuch aus.

Ob Sie zum vereinbarten Termin in Ihrem Büro, einem Hotelzimmer oder im Park sind, Sie können die Konferenz auch von Ihrem Smartphone aus starten. Die levigo systems gmbh hat für ihre Außendienst-Mitarbeiter diese Applikation eingerichtet. Gehen wir daher nochmal zurück an diesen Bahnsteig: Oliver Bausch, der Geschäftsführer von levigo, beschreibt die Vorteile so:

„Diese letzten Minuten vor der Abfahrt meines Zuges kann ich effizient nutzen. Meine Konferenz ist vereinbart, alle Teilnehmer sind eingeladen, der Termin ist in meinem Kalender fest gebucht. Ein weiterer Vorteil gegenüber einer webbasierten Buchung: Ich werde sicher nicht im Buchungsvorgang unterbrochen, weil etwa während der Zugfahrt die Verbindung ausfällt. Ich muss mich nun um die Organisation dieses Termins nicht mehr kümmern."

Professionelle Geschäftskonferenzen

Unmittelbar nachdem er am Bahnsteig die Telefonkonferenz gebucht hat, erhalten alle Teilnehmer eine Email mit den erforderlichen Daten. Ihm als Moderator werden zusätzlich die Zugangscodes der Teilnehmer übermittelt. Über den Terminkalender kann er nun jederzeit den Termin und die Zugangscodes der Konferenz einsehen und diese zum verabredeten Zeitpunkt starten. Mit einem Klick gelangt er in die Konferenz. Dr. Ralf Nikolai, Geschäftsführer der Lindenbaum GmbH, erläutert zur Anwendung: „Das BlackBerry® ist aktuell das wichtigste Business Handy. Die Unternehmen spielen die Applikationen für ihre Mitarbeiter zentral über den Enterprise Server auf die Handys. Für ein Unternehmen wie levigo systems, deren Mitarbeiter im ständigen Kontakt mit den Kunden stehen, ist unser Mobile Conferencing genau die richtige Lösung."

Angebote für Telefonkonferenzen gibt es viele. Doch levigo hat eine Anwendung gesucht, deren Professionalität und Zuverlässigkeit auch ihre Kunden überzeugt. Das Mobile Conferencing wurde speziell für den Bedarf des professionellen Geschäftslebens entwickelt. Die mobilen Telefonkonferenzen erfüllen alle Ansprüche an Service und garantieren umfassende Sicherheit – gleichzeitig sind sie so einfach wie telefonieren.

Lindenbaum GmbH
Dr. Ralf Nikolai
info@lindenbaum.eu

Erbprinzenstr. 4-12
76133 Karlsruhe
0721- 480848000
www.lindenbaum.eu

Kommunizieren Sie mit der Stimme Ihres Unternehmens

Kundenkommunikation findet über alle Wahrnehmungskanäle statt. Dies gilt für die Medien und für die persönliche Ansprache. Längst ist uns bewusst, dass uns nicht nur visuelle Mittel, sondern auch Düfte beim Einkauf beeinflussen. Besonders reagieren wir auch auf auditive Medien, also Musik, Stimmen, Sprache. Dieser Kanal gewinnt zunehmend an Bedeutung, da er das Gehirn schneller und nachhaltiger erreicht als beispielsweise geschriebene Sprache. Im modernen Marketing spricht man von Multisensorik. Selbst Logos werden heute vertont und dadurch unterstrichen und verstärkt. Denken wir an Jingles im Radio oder bei Telefonhotlines: In Verbindung mit einer vertrauten Stimme erzeugen sie ein eindeutiges Markenimage in unserem Gehirn.

Auf diese Wirkung setzen auch die so genannten Corporate Voices – unternehmenseigene, individuelle synthetische Stimmen, oft als „Computerstimmen" bezeichnet. Zunächst wird für das Casting eines Voice Talents das Image ermittelt, das die Marke perfekt charakterisieren soll. Aus einer so definierten, natürlichen Stimme wird dann eine synthetische Stimme entwickelt, die entweder beim Kunden bereits bekannt ist oder eigens für die Marke, das Produkt oder den Anbieter ausgewählt wird. Ein einziges Stimmprofil repräsentiert damit idealer Weise das Produkt durchgängig in allen Medien, egal ob es durch die natürliche Person oder dessen Computerstimme verkörpert wird.

Technik sorgt für Emotionen

Beim Einsatz marktüblicher Computerstimmen wird die Durchgängigkeit des Mediums „Stimme" nicht immer gewährleistet. Da es den bisher angebotenen Text-to-Speech- „Computerstimmen" oft an Natürlichkeit mangelt, werden gesprochene Prompts mit den Systemstimmen kombiniert. In der Praxis werden z. B. Audioaufzeichnungen für die telefonische Begrüßung der Anrufer verwendet, für die anschließende Wiedergabe dynamischer Daten dann jedoch das Text-to-Speech-System eingesetzt. Dadurch kommt es unwillkürlich zu akustischen „Brüchen", die auf den Kunden überraschend oder unangenehm wirken können.

Mit dem Einsatz einer Corporate Voice wird dies vermieden und ein konstanter, angenehmer Textfluss erzeugt, der eher geeignet ist, positive Emotionen hervorzurufen: Falls gewünscht, können weiterhin Prompts verwendet werden. Von der gleichen Stimme wird gleichzeitig für dynamische Daten und große Textmengen die Text-to-Speech-Computerstimme derselben Person eingesetzt. Die wahrgenommene Kontinuität wird als weit angenehmer empfunden als die Kombination von firmeneigenem Sprecher+Standard Computerstimme.

SpeechConcept bietet als einziger deutscher Text-to-Speech-Hersteller die Möglichkeit, innerhalb kürzester Zeit und zu mittelstandsfreundlichen Preisen sogenannte Corporate Voices herzustellen. Dabei kann entweder auf vorhandenes Audiomaterial gewünschter Sprecher zurückgegriffen oder Aufnahmen im Tonstudio durchgeführt werden. Nach kurzer Herstellungszeit entsteht so eine qualitativ hochwertige synthetisierte Stimme, die durch ihre menschlich anmutende Aussprache besticht.

In eine Text-to-Speech-Software integriert, kann diese Stimme als hörbare Visitenkarte in den unterschiedlichsten Unternehmensbereichen eingesetzt werden. Typischerweise finden wir diese in individuellen Voice Portalen, wie z. B. bei der automatischen Telefonvermittlung, Servicenummern, Informationsdiensten, in denen die CereVoices von SpeechConcept angenehm klingen. Dynamische Webseiten können ebenfalls damit vorgelesen, also vertont werden, sowie unternehmensspezifische CDs, Bedienungsanleitungen, Imagefilme, etc.

In Kombination mit anderen Medien, beispielsweise TV- oder Hörfunkspots, die mit denselben Sprechern erstellt werden, entsteht ein durchgängiges Marketingkonzept mit Wiedererkennungseffekt und großer Werbewirkung.

SpeechConcept ist kompetenter Anbieter zukunftsweisender Sprachtechnologie. Dies umfasst qualifizierte Spracherkennung, Sprachsynthese und telefonische Dialogsysteme. Unsere Systeme zeichnen sich durch natürlich sprachliche Dialoge mit zuverlässiger Spracherkennung und angenehmer Sprachsynthese aus und erfüllen Ansprüche namhafter Kunden.

SpeechConcept
GmbH & Co. KG
Patricia Zimmermann
Marketing

Speyerer Straße 4
69115 Heidelberg
06221 - 43859-111
www.speechconcept.com

Mehr als nur ein Stichwort
Sprachtechnologie für mehr Kundenzufriedenheit

Wer jemals eine Servicenummer angerufen hat, kennt das Problem: Bevor man sein Anliegen schildern kann, hängt man in der Warteschleife – oft viel zu lange. Und dann muss man dem Mitarbeiter, der einen freundlich begrüßt, erst einmal erklären, warum man angerufen hat. Geht das nicht schneller und effektiver? Es geht, dank moderner Sprachtechnologie, die auf automatische Umwandlung gesprochener Sprache in Schrift, die Transkription, setzt.

Rückruf statt Warteschleife

Die automatische Transkription kann im Call-Center zum Beispiel das sogenannte „skilled-based routing" verbessern, das die eingehenden Anrufe an bestimmte Mitarbeiter je nach deren Fähigkeiten und Stärken verteilt. In diesem Falle muss der Anrufer nicht in der Warteschleife warten, sondern kommt gleich zu Wort: Der Kunde hinterlässt eine Mitteilung, die automatisch transkribiert wird. Diese Aufgabe übernimmt die „Speech Analytics Platform" des European Media Laboratory (EML). Sie klassifiziert außerdem den so entstandenen Text automatisch nach Call-Center- spezifischen Produkt- oder Problemkategorien, Mustern und Gesprächsmerkmalen und ordnet den Anruf dem zuständigen Ansprechpartner zu. Die Software ermöglicht es auf diese Weise, die Abläufe im Call-Center nutzer- und mitarbeiterfreundlicher zu gestalten. „Dieses System erleichtert Kunden und Mitarbeitern die Kommunikation", sagt Klaus-Dieter Liedtke (T-Mobile Deutschland). „Wir sind von der Qualität dieser Technologie überzeugt und setzen sie deshalb in unseren Anwendungen ein."

Der Vorteil eines solchen Systems für das Call-Center liegt darin, dass alle eingehenden Anrufe auf diese Weise differenziert beobachtet und analysiert werden („Monitoring") und Entwicklungen und Veränderungen im Anruferverhalten schneller erkannt werden können. Kategorien wie „Beschwerde" oder „Kündigung", aber auch die Stimmung des jeweiligen Anrufers und die Häufigkeitsverteilung bestimmter Wörter werden klassifiziert. Das System analysiert darüber hinaus die eingehenden Anrufe nach häufig auftretenden Begriffen und verknüpft diese miteinander. So kann zum Beispiel ein Call-Center bei Netzstörungen, die in einer bestimmten Stadt auftreten, schneller nach Ursachen forschen, die Störungen beheben und den Call-Center-Mitarbeitern entsprechende Vorschläge zur einheitlichen Kommunikation vermitteln.

Erweiterte Stichwortsuche

Ein weiterer Vorteil für das Unternehmen liegt darin, dass die Suche nach bestimmten Stichwörtern, das sogenannte „Keyword Spotting", durch automatische Transkription effizienter wird. Üblicherweise werden rund fünfzig Stichwörter verwendet. Herkömmliche Systeme müssen bei jeder neuen Stichwortsuche alle Anrufe, das heißt alle Aufnahmen, nach diesen Wörtern durchkämmen, ein zeitintensiver Vorgang. Die automatische Transkription ermöglicht ein „Advanced Keyword Spotting", das die Stichwörter in den erkannten Texten genauso schnell wie eine Suchmaschine findet. Auf diese Weise lässt sich auch effizient ermitteln, wie viele Anrufer zum Beispiel bestimmte Produktnamen oder auch Mitbewerber oder deren Produktmerkmale genannt haben. Diese Informationen sind vor allem auch für Strategie- und Marketingabteilungen eines Unternehmens interessant: Denn sie versuchen in der Regel durch Umfragen und Beobachtung in Internetforen und Blogs zu ermitteln, was die Kunden gut und was sie schlecht finden („voice of the customer"). Hier spricht der Kunde aber selbst, aus eigenem Antrieb und mit einem konkreten Anliegen. Die Transkription ergänzt somit die Umfragen und Beobachtungen durch authentische Kundenaussagen.

Automatische Transkription unterstützt also die Mitarbeiter in Call-Centern, die Kommunikation effizienter zu gestalten. Sie stellt zugleich den Unternehmen ein Analyseinstrument für ein effektiveres strategisches Marketing und zur Verbesserung des Services zur Verfügung. Beides führt am Ende zu mehr Kundenzufriedenheit – damit der Kunde auch in Zukunft die Servicenummer wählt, wenn er ein Problem oder ein Anliegen hat.

European Media Laboratory GmbH | EML

Die European Media Laboratory GmbH (EML) ist ein Entwicklungs- und Forschungsunternehmen im Bereich der angewandten IT, das von SAP-Mitbegründer Klaus Tschira ins Leben gerufen wurde.

Das EML forscht und entwickelt in den Bereichen „Mensch-Technik-Interaktion" und „automatische Sprachverarbeitung".

European Media Laboratory GmbH
Dr. Siegfried Kunzmann
kunzmann@eml.org

Schloss-Wolfsbrunnenweg 33
69118 Heidelberg
06221 - 533206
www.eml-development.de

MenaCast erlaubt ihren Kunden Nachrichten aus aller Welt in verschiedenen Sprachen zu verfolgen

Nachrichten aus aller Welt haben einen großen Wert für den Konsumenten: Gleichgültig, ob jemand daran interessiert ist, wie sich die Wirtschaft in China entwickelt, weil er in einen Immobilienfond in Asien investieren will oder Informationen darüber benötigt, wie angesehen seine Firma in verschiedenen Ländern ist. Auch Institutionen, beispielsweise Botschaften zeigen Interesse, da Sie die politische Landschaft verstehen müssen, um korrekt und diplomatisch optimal zu agieren.

Heutzutage überfluten uns Nachrichten, tausende Fernsehkanäle aus der ganzen Welt erreichen uns über Satelliten, Internet, Antenne und Handy. Die Aufgabe für den Konsumenten hat sich verschoben von "Wie komme ich an die Quelle der Information?" zu "Wie filtere ich die relevante Information aus der Flut von Informationen?".

Das MenaCast Portal

MenaCast ist ein führendes Medienüberwachungsportal, das Europäische, Nordafrikanische sowie Fernsehkanäle aus dem Mittleren Osten verarbeitet und zur Verfügung stellt. Mit der Technologie von App-Tek in den USA wird dem Kunden ermöglicht, multilinguale Fernsehsendungen aufzunehmen, zu erkennen und zu analysieren.

Durch die Technologie der Net2Voice Inc. erlaubt MenaCast dem Kunden, auch von unterwegs über das Handy oder Smartphone auf Informationen zurückgreifen zu können.

Somit ist es möglich, für ein spezielles Interessensgebiet eine Zusammenfassung der letzten 24 Stunden auf das Handy geschickt zu bekommen, mit der Möglichkeit sofort auf die relevante Informationsquelle zuzugreifen und beispielsweise die Fernsehsendung auf dem Handy anzusehen. Man kann auch bestimmten, sobald ein bestimmter Ort (oder eine Person) in den Medien erwähnt wird, eine SMS Nachricht mit einer groben Beschreibung des Zusammenhangs zu erhalten.

MenaCast heute

MenaCast steht heute den unterschiedlichsten Kunden zur Verfügung, beispielsweise als Abonnement oder auch als lokale Installation bei Großkunden. Die Kundenliste enthält kommerzielle, behördliche und private Kunden. Das Unternehmen ermöglicht es seinen Kunden Informationen aus mehr als 30 internationalen Nachrichtenfersehkanälen in 5 Sprachen zu beziehen und monatlich kommen neue Fernseh- und Radiokanäle in denselben oder sogar neuen Sprachen hinzu.

AppTek
Applications Technology, Inc.

Die AppTek Inc. ist ein international agierendes Unternehmen mit Niederlassungen in verschiedenen Ländern und der Hauptniederlassung in der Nähe von Washington, DC. AppTek entwickelt seit 1990 Spracherkennungs- und Übersetzungstechnologie für kommerzielle und behördliche Kunden in der ganzen Welt.

AppTek Inc
Hassan Sawaf
info@apptek.com

6867 Elm St #300
McLean, VA 22101
Vereinigte Staaten
0703 - 821-5000
www.apptek.com

Spracherkenner im Qualitätsmanagement

Unternehmen der Call Center Branche müssen sich immer häufiger zu entsprechend hohen Vertragsstrafen im Falle nicht ordnungsgemäßer Gesprächsaufzeichnungen gegenüber ihren Auftraggebern verpflichten. In Folge dessen steigt der Aufwand der Unternehmen für die Kontrolle der Sprachdateien deutlich an. Zur Sicherstellung der Qualität kommt es zum Aufbau von Abteilungen mit hohem Personalaufwand, die stichprobenartig eine manuelle Überprüfung der aufgenommenen Sprachdateien vornehmen.

Kriterien für eine gute Qualitätssicherung

Objektive Bewertungskriterien, Vollständigkeit und reproduzierbare Ergebnisse sind die Maßstäbe für eine gute Qualitätssicherung. Aber schon der Klang der Stimme wird auf die Bewertung einer Gesprächsaufzeichnung durch einen Menschen Einfluss auf das Ergebnis nehmen. Die vollständige Überprüfung aller Sprachdateien wird in aller Regel aus Kostengründen nicht stattfinden und erfahrungsgemäß kommt sogar ein und derselbe Prüfer bei zwei zeitlich versetzten Beurteilungen ein und desselben Gesprächs zu zwei voneinander abweichenden Bewertungen. Der herkömmliche Weg ist also weder objektiv, noch reproduzierbar und in keiner Weise vollständig.

Objektiv, vollständig und reproduzierbar

Das Risiko einer Vertragsstrafe entsteht im Rahmen der inhaltlichen Komponente eines Gesprächs (z.B. falsche Einholung der Aufzeichnungs- oder Anruferlaubnis). Um in diesem kritischen Bereich eine Qualitätssicherung unabhängig von menschlichen Schwächen zu ermöglichen, wurde der tt-Analyser entwickelt, ein System , das basierend auf dem Einsatz eines maschinellen Spracherkenners alle drei Schwachpunkte einer durch Menschen durchgeführten stichprobenartigen Überprüfung eliminiert.

Die durch den Qualitätsbeauftragten in der Software festzulegenden Filter gelten gleichrangig für alle Sprachaufzeichnungen. Das unterstützt die notwendige Objektivität. Der Einsatz des maschinellen Spracherkenners ermöglicht die Beurteilung aller aufgezeichneten Gespräche, somit ist die Vollständigkeit gegeben. Und ohne Änderung der Filtersystematik wird die Bewertung ein und derselben Aufzeichnung auch immer wieder zum selben Ergebnis führen, das Resultat wird reproduzierbar.

Eine gute Idee wird bekannt

Im Jahre 2007 wurde das Produkt erstmalig auf den Voice Days vorgestellt und im Rahmen des Voice-Contests ausgezeichnet.

Anruferlaubnis ohne Vertragsstrafe

Vorrangig wird das Produkt derzeit sehr erfolgreich in der automatischen Überprüfung von Sprachdateien eingesetzt, die die vom Kunden eingeholte Aufzeichnungs- und Anruferlaubnis beinhalten.

Technische Voraussetzungen

Das System verarbeitet grundsätzlich Wave-Dateien. Der Ort der Dateiablage ist frei konfigurierbar. Für eine sinnvolle Verarbeitung von Dialogen zwischen dem Kundenbetreuer und dem Kunden ist eine 2-Kanal Aufzeichnung von Vorteil (Kunde getrennt von Kundenbetreuer). Hierfür existieren entsprechende Produkte im Portfolio der ttUnited, die ein anlagenunabhängiges Voice-Recording in 2-Kanal-Technologie ermöglichen. Des Weiteren können Dienste angestoßen werden, die eine automatische Konvertierung in das MP3-Format nach der Bewertung im Wave-Format vornehmen.

Die ttUnited ist eine Vertriebs- und Beratungsgesellschaft für innovative Standardsoftwarelösungen- und Technologien zur Optimierung von Kundendialogprozessen. Neben den technischen Lösungen werden auch die erforderlichen Consultingleistungen mit dem Fokus auf das Design und das komplexe Zusammenspiel von verschiedenen Kommunikations- und Workflowprozessen erbracht..

ttUnited gmbh
Axel Reddehase
axel.reddehase@ttunited.com

Niedenau 25
60325 Frankfurt am Main
0180 - 34 35 36 063
www.ttunited.com

Vodafone: Mass Calling und Business Applikationen auf rund 15.000 Kanälen

Vodafone bietet Privat- und Geschäftskunden ein breites Spektrum leistungsstarker Dienste auf einer einzigen CreaLog-Plattform. Das ist der Garant für eine gute Auslastung rund um die Uhr – und somit auch für einen besonders wirtschaftlichen Betrieb.

Telefonvoting: Jede Stimme wird gezählt

Langsam nähert sich die TV-Show dem Ende zu. Ein letzter Höhepunkt steht noch aus: die Zuschauer-Abstimmung über den Sieger des Abends. Steffi Franke greift zum Telefon, wählt die eingeblendete Telefonvoting-Nummer ihres Favoriten und freut sich über die Ansage des Sprachdialogsystems: „Vielen Dank für den Anruf. Ihre Stimme wurde gezählt!" Nach ein paar spannenden Minuten folgt das erlösende Jingle – der Gewinner steht fest. „Besser hätte der Abend gar nicht ausklingen können," denkt Steffi, „mein Favorit hat gewonnen!"

Business Applikation mit Spracherkennung: Der Filialfinder

Die große Bandbreite wirtschaftlicher und technisch anspruchsvoller Einsatzmöglichkeiten der Voice Portal Plattform zeigt sich auch beim Hosting von Business Applikationen. So nutzt eine Elektrofachmarkt-Kette das Vodafone-Angebot für einen telefonischen ‚Filialfinder'. Auf der Suche nach einem Shop nennt der Anrufer die Postleitzahl und erhält vom Sprachdialogsystem umgehend die Anschrift der nächstgelegenen Filiale – auf Wunsch auch deren Öffnungszeiten. Der Dialog, vom Anrufer mit seiner ‚natürlichen' Sprache gesteuert, endet mit der Frage: „Möchten Sie jetzt mit dieser Filiale verbunden werden?"

Flexible Telefonkonferenzen und mehr

Am folgenden Vormittag ist im Handelshaus Metrix eine kombinierte Web-/Telefonkonferenz für die Vertriebsgruppe Mitte angesetzt. Auch Steffi Franke sitzt mit am virtuellen Besprechungstisch. Dieses interaktive Meeting wickelt ihre Firma über den Konferenz-Service von Vodafone ab, da dieser unkompliziert und kostenlos für den Einladenden unter www.vodafone.de/gk-telefonkonferenz gebucht werden kann. Er basiert auf der gleichen Technologie, über die sie gestern Abend ihr TV-Voting so schnell und problemlos abgeben konnte.

Vodafone bietet seinen Kunden auf Basis der leistungsstarken Plattform eine Reihe weiterer attraktiver Dienste an. Dazu gehört auch ein mandantenfähiges Unified Messaging System. Es dient zum Beispiel Radio- und TV-Sendern dazu, Sprachnachrichten und Adressdaten von Anrufern zu speichern.

Bei einem Gewinnspiel lassen sich so die aufgesprochenen Daten der Gewinner über ein Web-Frontend im Call Center abhören.

Mandantenfähiges Web-Frontend

Die bei Vodafone erfolgreich eingesetzte VoiceXML-Plattform von CreaLog überzeugt durch weitere Pluspunkte. Dazu gehört vor allem ein Web-Frontend, welches das intelligente Anlegen und Verwalten von Mandanten und Benutzern ermöglicht. Jeder Vodafone-Kunde kann dabei sein individuelles Erscheinungsbild („Branding") einsetzen, seine eigenen Rufnummern verwalten sowie seine individuellen Dienste und Ressourcen nutzen.

Überzeugende Leistungsfähigkeit

Niko Nittka, Senior Product Manager Industry & New Business Vodafone Deutschland: „Leistungsfähigkeit und Flexibilität der CreaLog-Plattform haben uns ebenso überzeugt wie die Möglichkeiten der Administration und des Reportings in Realtime. Die natürlichsprachliche Spracherkennung und Sprachsynthese der Plattform sind die entscheidenden Voraussetzungen für effiziente CRM-Lösungen und Mehrwertdienste."

Effiziente Arbeitsprozesse sparen Kosten und Nerven

Ein weltweit tätiges Unternehmen wie die Strama-MPS Maschinenbau GmbH & Co. KG benötigt eine reibungslos funktionierende, flexible Kommunikationsinfrastruktur. Da immer mehr neue Mitarbeiter eingestellt wurden und zudem ein Neubau auszurüsten war, genügte der Firma die bislang eingesetzte Telefonanlage nicht mehr. Diese war gemietet und die Kosten drohten zu explodieren. Daher entschied sich Strama-MPS für eine neue und moderne Infrastruktur. Das Unternehmen wählte den Microsoft Office Communications Server 2007 R2, der vom Dienstleister infoWAN eingeführt wurde.

Seit März 2009 sind nun 120 Arbeitsplätze mit der neuen Lösung ausgerüstet. Der OCS ermöglicht dem Nutzer von seinem Arbeitsplatz oder unterwegs, im richtigen Moment den richtigen Ansprechpartner zu finden. Dabei kann er direkt über häufig genutzte Anwendungen wie MS Outlook per Instant Messaging, Audio-(VoIP), Web- und Videokonferenzen kommunizieren. OCS 2007 R2 führt dabei alle Kommunikationsmittel sowie das unternehmensweit genutzte Sprachsystem auf einer zukunftsfähigen Plattform zusammen. „Wir sind sehr froh, dass wir uns für diesen Schritt entschieden haben", sagt Hans Wallner, Leiter IT bei Strama-MPS. Schließlich können jetzt die Ingenieure weltweit einfach und kostengünstig Kontakt halten – nicht nur telefonisch, sondern auch via Videokonferenz und Instant Messaging.

Dass der technische Wandel reibungslos über die Bühne ging, stellte die Unternehmensberatung infoWAN, die den Server und die gesamte Telefonanlage installiert und abgestimmt hat, sicher. „Mit diesem neuen Release beschreitet Microsoft den Weg hin zu einer softwarebasierten Kommunikationsinfrastruktur, die weit mehr bietet als ein herkömmliches Telekommunikationsnetzwerk und dabei kostengünstiger und intuitiver nutzbar ist", erklärt Geschäftsfüher Lars Riehn. Besonders wichtig ist die Möglichkeit, mit moderner IT Kosten zu sparen. Unified Communications-Lösungen helfen zum Beispiel, Reisekosten deutlich zu reduzieren. Über Standorte hinweg arbeitet man effizienter mit Hilfe moderner Collaboration-Tools wie zum Beispiel der RoundTable Kamera.

Durch die Integration von Microsoft Office, Exchange und SharePoint Server können Anwender über den Office Communications Server die bekannten Anwendungen kombiniert nutzen. Einheitliche Unternehmensinfrastruktur und Bedienung erspart zudem, eine Vielzahl verschiedener Anwendungen zu installieren und einzusetzen.

Vorteile der neuen Lösung

„Wir liefern unsere Maschinen in die ganze Welt", erklärt Wallner. „Dabei entwickeln, konstruieren und bauen wir fast nur Einzelanfertigungen." Die Maschinen werden in Straubing aufgebaut und getestet, schließlich wieder zerlegt, verschickt und beim Kunden wieder aufgebaut. Da kommt es vor, dass technische Hürden zu nehmen sind, die nicht absehbar waren. Am einfachsten und schnellsten geht das mit einem direkten Draht in die Zentrale. Die Informationen werden nun via Videokonferenz übermittelt. Neben den effizienteren Arbeitsprozessen spart das neue System nicht nur Kosten, sondern auch Nerven.

Die größte Herausforderung bei dem Projekt war die Kopplung mit der Telefonanlage. Jetzt nutzen die Mitarbeiter ihren Computer als Softphone. Der Vorteil: Heute braucht das Unternehmen keinen externen Provider, sondern ist in seinem Handlungsspektrum autark.

Begeistert zeigt sich Wallner nicht nur von der Microsoft-Technologie, sondern auch von dem info-WAN-Team: „Die Consultants haben hervorragende Kenntnisse und sind ein Musterbeispiel für ein Systemhaus, denn die sind immer auf dem neuesten Wissensstand."

Microsoft Microsoft ist der weltweit führende Hersteller von Standardsoftware, Services und Lösungen, die Menschen und Unternehmen aller Branchen und Größen helfen, ihr Potenzial voll zu entfalten. Sicherheit und Zuverlässigkeit, Innovation und Integration sowie Offenheit und Interoperabilität stehen bei der Entwicklung der Microsoft-Produkte im Mittelpunkt.

Microsoft Deutschland GmbH
Stephanie Milde
Stephanie.Milde@microsoft.com

Konrad-Zuse-Str. 1,
85617 Unterschleißheim
089 - 3176 0
www.microsoft.de/uc

Eine besondere Beziehung: Non-Profits und ihre Kommunikation im Netz

Kein Zweifel: Es liegen Welten zwischen dem großen profitorientierten Unternehmen und der mittleren Non-Profit-Organisation. Wie Non-profits die eigenen Leistungen, die Qualität ihrer Arbeit zum öffentlichen Gesprächsthema machen, Förderer überzeugen und neue Mitglieder ansprechen und an sich binden können, das ist für viele zweitrangig, wenn nicht gar anrüchig. Ganz im Gegensatz zu Unternehmen, die das Medium Internet schon längst und virtuos zur Kundenkommunikation einsetzen, gibt es bei den Non-Profits immer noch Vorbehalte. Viele fürchten insbesondere einen Verlust von Glaubwürdigkeit, wenn ihr Budget für einen ihrer Ansicht nach werberischen Internetauftritt eingesetzt wird. Deshalb ist klar: Organisationen, die keine kommerziellen Ziele verfolgen, haben spezielle Bedürfnisse und Ansprüche hinsichtlich der Inhalte ihrer Internetauftritte. Vertrauen und Glaubwürdigkeit bleiben auch im Netz ein großes Thema.

Mit dem Internet lässt sich was bewegen

Keine leichte Aufgabe, der die Website des Hebammenverbandes NRW zu genügen hatte. Gerade bei den Hebammen gibt es häufig Vorbehalte gegen das Medium; jedenfalls gehören die meisten nicht zu den üblichen Internetnutzerinnen, denen der Umgang mit dem Netz und seine Spielregeln vertraut sind. Deshalb entschloss man sich zu einem Portal, in dem der Verband seiner Informationspflicht nachkommen und seine Arbeit für die Mitglieder transparent machen konnte. Der Webauftritt sollte aber nicht ausschließlich für Mitglieder sein, sondern auch Interessierte mit Wissenswertem versorgen. So entschied sich der Verband zu einer Kooperation mit der Agentur MerkWert, die sich auf Online-Kommunikationslösungen für NGOs spezialisiert hat.

Gute Kommunikation fängt auf der Website an

Speziell auf eine nicht internetaffine Zielgruppe zugeschnittene Informationen wurden online-gerecht aufbereitet und aktuell ins Netz gestellt. Auch wenn es banal klingt: Die wichtigste Aufgabe war, alle Informationen sozusagen in „real time" für die Nutzerinnen bereitzustellen. Denn frische Informationen wissen nicht nur die BesucherInnen einer Website zu schätzen, sondern auch Google.

Sowohl Hebammen als auch Eltern und sonstige Interessierte sollten für die Belange der Hebammen sensibilisiert und aktiviert werden. Unterschiedliche Informationsaufbereitung mit einer Zielrichtung: Durch das Medium Internet soll Öffentlichkeit geschaffen werden und umgekehrt.

Im Internet-Auftritt soll sich auch wiederfinden, welche Themen rund um den Hebammenberuf sowie im Bereich Gesundheit und Familie in Politik, Presse und Öffentlichkeit wahrgenommen werden und wie. Gerade hier zeigt sich die Wechselwirkung gelungener Kommunikation.

Krise goes online

Das Internet hat sich vor allem in Zeiten der existenziellen Bedrohung des Hebammenberufes aufgrund drastisch angestiegener Haftpflichtprämien als nützlich erwiesen: Die Online-Petition des Deutschen Hebammenverbandes ist nahezu unerwartet auf enorme Resonanz gestoßen. Das Motto „Die Welt braucht Hebammen – mehr denn je" lässt sich nun ergänzen durch „Hebammen brauchen das Internet – mehr denn je".

Gerade in Zeiten der Krise hat sich das Internet als ein hervorragendes Kommunikationsmittel erwiesen. Wo sonst lassen sich so schnell so viele Menschen erreichen?

MerkWert-Agentur
Stephanie Over
over@merkwert.de

Lichtstraße 38
50825 Köln-Ehrenfeld
0221-169 40 566
www.merkwert.de

Anrufen – Aufsteigen – Abfahren

Jeder fünfte Deutsche dürfte bereits mindestens einmal von einem der bekanntesten Dienstleister der Autovermietungsbranche ein Fahrzeug für eine Reise oder einen Umzug gebucht haben.

Die DB Rent GmbH bietet in diesem Sektor ein einzigartiges Gesamtkonzept für die Mobilität an. Die Leistungen umfassen die Kurzzeitmiete von Fahrzeugen sowie das Full-Service-Leasing, Carsharing, Chauffeurservice, Fuhrparkmanagement, und das sicherlich bekannteste Konzept für den Fahrradverleihdienst unter dem Namen „Call a Bike".

Erreichbarkeit als Maxime im Kundenservice

Als einer der größten Servicedienstleister ihrer Branche ist sie mit ihrem Motto „Einfach anrufen, aufsteigen und abfahren." auf eine vorbildliche und schnelle Erreichbarkeit angewiesen. Daher beschloss das Unternehmen, ein Customer Interaction Center mit einer Anrufverteilung einzuführen. Die Herausforderung bestand darin, die einzelnen Workflows für das Routing der jeweiligen Dienstleistungsangebote aufgrund der steigenden Nachfrage frühzeitig ohne Folgen einer Einschränkung der Erreichbarkeit für Kunden zu optimieren.

Die Zielsetzung ist die Herausforderung

Die gewachsenen Prozesse und zukünftigen Ziele in ihrer Kundenkommunikation zeigten dem eingesetzten Telekommunikationssystem schnell eine technische Grenze auf.

Das Customer Interaction Center sollte zukünftig den Kontaktnachfragen der Kunden von täglich bis zu 1.400 Anrufen gewachsen sein und diese mit bis zu 60 parallelen Anrufen mittels einer intelligenten Anrufsteuerung zu einem der entsprechenden Serviceteams weiterleiten. Die tägliche Spitzenlast von rund 700 Anrufen innerhalb einer Stunde sollte von einem neuen System komplikationslos abgearbeitet werden, ohne dass Anrufer verloren gehen. Eine sehr spezielle Anforderung, die an das neue Customer Interaction Center gestellt wurde, waren die bei eingehenden Anrufen automatisch abzuwickelnden Buchungen der Leihräder für „Call a Bike". Hier sollte das System dem Motto der Einfachheit gerecht werden und per Anruf innerhalb kurzer Zeit die Freischaltung der Fahrräder voll automatisiert ermöglichen.

Das neue Customer Interaction Center

Nach Sondierung des Marktes und Analyse verschiedener Angebote fiel die Wahl auf das Customer Interaction Center „agenTel" der Voxtron GmbH mit einem voll integrierten Sprachportal.

Das Unternehmen kann seit der erfolgreichen Implementierung des neuen Customer Interaction Centers seine Kunden zeitnah bei Inbound-Calls an die entsprechenden Agenten durchstellen. Zur Identifizierung von Anrufern fragt die Service Line zuerst automatisiert die Kundennummer ab. Diese Daten werden im Anschluss über eine Schnittstelle zu dem CRM- und ERP-System übertragen und ermöglichen ein Anruf-Routing zu einem Ansprechpartner oder zu einem automatisierten Buchungsvorgang. Für die Fahrradentleihe ruft der Anrufer einfach die auf dem Schloss des Fahrrads angegebene Telefonnummer an – somit findet die Qualifizierung des Anrufers und des Fahrrads vollautomatisch statt, und eine Buchung wird ausgelöst.

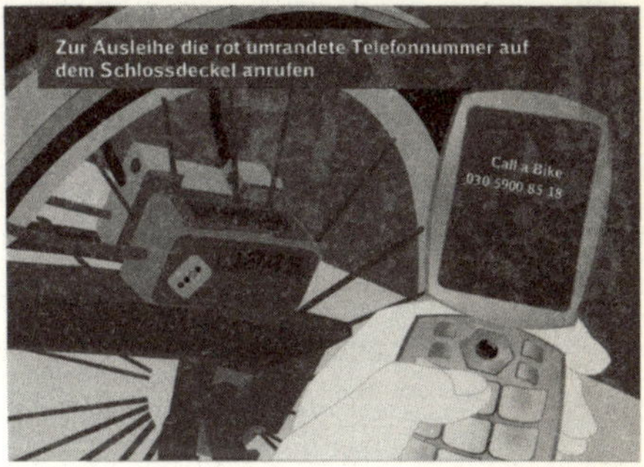

Das Customer Interaction Center liefert neben den zahlreichen Standard-Reports über ein Echtzeit-Wallboard die erforderlichen Kennzahlen zu der aktuellen Auslastung der Telefon-Arbeitsplätze und zu den sich im Wartekanal befindenden Anrufen. Die Skalierbarkeit des Systems ermöglichte bereits mehrfach, als Überlauf für die Haupt-Callcenter der Deutschen Bahn in Notsituationen zu agieren. Auch in Zukunft kann das flexible System innerhalb kurzer Zeit auf die neuen Bedürfnisse und Workflows angepasst werden.

Voxtron GmbH
Michael Bäcker
mb@voxtron.de

Zeche Westfalen 1
59229 Ahlen
02382 - 989740
www.voxtron.de

Sprachsynthese beflügelt Newsletter-Marketing im internationalen B2B-Geschäft

Das Ziel - größere Reichweite

Klassisches Email-Marketing per Newsletterversand hat in den letzten Jahren neue Impulse erhalten. Multipart-Mail im HTML- und Text-Format sind nicht mehr die einzigen Kanäle, um Neuigkeiten zu publizierten und an Abonnenten zu kommunizieren. Crossmedia ist die Formel für modernes Email-Marketing, um Wirkung und Reichweite mit einfachen Mitteln zu vergrößern.

Das Beispiel von Commend International in Salzburg zeigt, wie ein Global Player seine Kunden damit weltweit bedient. Für die ca. 150 Mitarbeiter am Standort Salzburg und weitere ca. 400 Mitarbeiter im weltweiten Vertriebsnetz ist das Motto „Think global, act local" tägliche Realität.

Offenheit und einfachste Nutzung

Herbert Stadler, Leiter Commend E-Marketing Projects in der Zentrale in Salzburg, fasst die Anforderungen zusammen: „Internationales News-Management mit Crossmedia basiert bei Commend auf einem offenen System mit frei konfigurierbarer Mehrsprachigkeit für alle autorisierten Nutzer weltweit. Diese haben gesicherten Zugriff per Browser auf einen webbasierten „Software-as-a-Service (SaaS)" für alle Sprachen und Zeitzonen."

Wichtig für Commend ist der hohe Automatisierungsgrad mit einfachster Nutzung ohne Programmierkenntnisse. Dazu Herbert Stadler: „Texte und Bilder für News und Artikel erstellen wir einmal über eine flüssig zu bedienende Benutzeroberfläche in einem universellen XML-Metaformat. Alles andere – wie z.B. die Audio-Formate für die Sprachausgabe und die Podcast-Version – generieren wir daraus dynamisch auf Anforderung per Klick durch die Empfänger."

Empfänger entscheiden nach eigenen Vorlieben

Commend International nutzt Newsletter-Marketing derzeit in vier Sprachen – in Deutsch, Englisch, Italienisch und Französisch. Empfänger entscheiden frei, welches Format sie bevorzugen:

Viele schauen Newsletter direkt am Bildschirm an – in Text- oder HTML-Darstellung, die jeder Email-Client unterstützt.

Andere blättern gerne in Ruhe Gedrucktes durch und bevorzugen deshalb das Plattform-übergreifende Dateiformat PDF (Portable Document Format).

Einige, die viel unterwegs sind und per Browser im iPhone, Blackberry, etc. auf Newsletterinhalte zugreifen, lassen sich diese per Sprachsynthese in der passenden Sprache vorlesen bzw. ins Podcast-Format mp3 konvertieren.

Nicht nur Crossmedia als Reichweiten-Expander

Mit diesen neuen Kanälen für die Verbreitung von Newsletterinhalten erzielt Commend bereits eine größere Reichweite gegenüber traditionellem Email-Marketing. Weitere Möglichkeiten zur Erhöhung der Reichweite sind News per RSS (Really Simple Syndication) bzw. ATOM Feeds und neuerdings auch per Email-to-Web zu exportieren.

Diese neuen Verfahren überwinden die engen rechtlichen Grenzen des Permission-Marketing. Kein Gesetz verbietet es, Informationen und Angebote aus dem Newsletter 1:1 zu konvertieren und zum Beispiel über News-Ticker in Webseiten zu integrieren bzw. als RSS-Feeds oder Podcast zum Abholen für Abonnenten bereit zu stellen.

Resumee

Die internationale Nutzung von Email-Marketing am Beispiel von Commend International profitiert von einer modernen, Web-basierten Softwarelösung der neuesten Generation wie EVALANCHE. Mehrsprachige, mandantenfähige und crossmediale Informationsverteilung an Kunden ist damit Realität. Einfach per Klick auswählen, ob über Bildschirm, Papier, oder per Sprachsynthese zum Anhören.

EVALANCHE
EMAIL MARKETING SOLUTION

Die SC-Networks GmbH ist E-Mail Service Provider und Hersteller von EVALANCHE, eine der modernsten, webbasierten eMail-Marketing-Lösungen auf dem europäischen Markt.

EVALANCHE basiert auf neuesten Web-Technologien und wird als Software-as-a-Service (SaaS) bereit gestellt. Die Applikation ist durch die Certified Senders Alliance zertifiziert und wurde speziell für Agenturen und Marketing-Abteilungen größerer Unternehmen entwickelt.

EVALANCHE wird weltweit von über 500 Unternehmen eingesetzt. Dazu zählen namhafte Firmen wie BMW Motorsport, Sony, IDS Scheer, Magirus International, Red Bull Air Race, sueddeutsche.de, Harman, Nitro Snowboards, Kyocera Mita, seca, Siemens PLM, weit über 200 Hotels und mehrere Tourismusregionen, Top-Agenturen wie The Brand Union, GFB & Partner, straight.interactive, phocus communication, Zieltraffic, u.v.m..

Das Unternehmen, mit Sitz in Starnberg, wurde 1999 gegründet und unterhält je eine Vertretung in der Schweiz, Österreich, Italien und UK.

SC-Networks GmbH
Martin Philipp
Marketing & Vertrieb EMEA
philipp@sc-networks.com

Enzianstraße 2
82319 Starnberg
08151 - 555160
www.sc-networks.com

Headsets als entschiedene Schnittstelle für Unified Communications

Das Ende des klassischen Büros

Arbeiten im Büro von „9 to 5"? Glaubt man den Zukunftsforschern, hat sich dieses Modell bereits überlebt. Bis 2020 werden 80% der Arbeitskräfte in Deutschland, Frankreich und Großbritannien nicht mehr an festen Standorten zu herkömmlichen Arbeitszeiten arbeiten. Und schon heute zeigt die Zunahme an Home Office, Desk Sharing und mobilen Arbeitsstilen, dass Arbeit in Zukunft dezentral, räumlich und zeitlich flexibel stattfinden wird.
Doch was sind die Gründe für diesen Wandel? Es liegt in der Natur der heutigen Arbeit: Kreativität und Innovation stehen zunehmend im Mittelpunkt der Wertschöpfung. Die flexible Vernetzung vielfältiger menschlicher Ressourcen wird damit für Unternehmen zum entscheidenden Wettbewerbsvorteil. Und gute Ideen und Lösungen brauchen nun einmal ihre eigenen Zeiten und Orte. Am traditionellen Büroschreibtisch, so belegen es aktuelle Umfragen, haben Arbeitnehmer ihre besten Ideen nur in Ausnahmefällen.

Wie aber lässt sich die verstreute Workforce bündeln? Hier setzen Unternehmen heute verstärkt auf Unified Communications, um Mitarbeiter, Kunden und Lieferanten zu vernetzen und Abstimmungsprozesse zu integrieren. Beispielsweise machen Präsenzanzeigen und One-Number-Konzepte allen Projektteilnehmern klar, wie sich der Gesprächspartner am besten erreichen lässt. Ausgefeilte Collaboration-Tools sorgen für die Synchronisation von Dokumenten und Geschäftsdaten. Damit steht der flexiblen Arbeitskultur eine wirkungsvolle Infrastruktur zur Verfügung, die den klassischen Büroarbeitsplatz zunehmend überflüssig macht.

Die Bedeutung der Stimme wächst

Auf der anderen Seite führt der Zuwachs an virtueller Collaboration auch zu einem Wandel unserer Geschäftskultur. Immer mehr Unternehmen reduzieren die Zahl ihrer Kundenmeetings, um Reisekosten zu sparen oder ihre CO2-Bilanz aufzubessern. Zudem führt die Zunahme mobiler Arbeitsstile zu weniger direkten Begegnungen der Mitarbeiter untereinander. Unserer Kommunikation geht damit die wichtige Ebene der Körpersprache verloren. Was man im direkten Kundengespräch mit einer Geste oder sogar einem Blick angedeutet hätte, überlebt im Email-Zeitalter bestenfalls als Emotikon.

Umso mehr kommt es daher in der erfolgreichen Geschäftskommunikation auf die menschliche Stimme und ihren Ausdrucksreichtum an. Sie ist unsere wichtigste Visitenkarte, wenn wir Kollegen und Geschäftspartner nicht persönlich treffen können.
Optimale Sprachübertragung zählt damit zu den entscheidenden Parametern einer erfolgreichen Unified Communications-Lösung.

Plantronics-Headsets für die professionelle Kommunikation

Plantronics unterstützt Unified Communications durch ein breites Spektrum speziell zertifizierter Endgeräte. Professionelle Headset-Lösungen lassen sich nahtlos in jede bestehende UC-Struktur integrieren und per Plug&Play zusammen mit den Softphones aller großen Hersteller verwenden.

Dadurch gewinnen UC-Anwender einen bedeutenden Zuwachs an Freiheit und Flexibilität. Denn Plantronics-Technologien ermöglichen die Stimmkommunikation selbst in schwierigsten akustischen Umgebungen. So werden störende Umgebungsgeräusche durch moderne Noise-Canceling-Verfahren schon im Mikrofon des Headsets ausgefiltert. Digitale Signalbearbeitung (DSP) sorgt dafür, dass störende Leitungsechos, wie sie oft bei mobilen Telefonnetzen anfallen, unterdrückt werden. Schließlich bildet Breitband-Übertragung den Frequenzumfang der menschlichen Stimme detailgetreu ab. Dadurch werden entscheidende Nuancen übertragen und die Sprachverständlichkeit insgesamt maximiert – unabhängig vom Ort des Sprechers.

Besonders für die mobile Nutzung von Unified Communications bieten Headsets von Plantronics daher eine ideale Unterstützung. Ob Straßencafé, Geschäftsreise oder das Home Office inklusive Kinderlärm: Headsets von Plantronics eröffnen zahllose neue Räume für smarte Arbeit jenseits des Büros.

PLANTRONICS
SOUND INNOVATION

Plantronics entwickelt seit fast 50 Jahren als weltweiter Branchenführer innovative Headset-Lösungen für die unterschiedlichsten Anwendungsbereiche wie z.B. Festnetztelefonie, Unified Communications oder mobile Kommunikation.

Plantronics GmbH
grosskunden@plantronics.com

Gildenweg 7
50354 Hürth

www.plantronics.de
www.smartworkers.net

Mit Qualität, Einfachheit und Flexibilität zu maximalem Kundenservice

„Der Kunde ist König" sagt sich leichter, als es tatsächlich umzusetzen ist. Häufig fällt es Unternehmen schwer, flexibel auf Kundenwünsche zu reagieren. Egal ob Start Up - Unternehmen oder langjähriger Marktführer – kein Unternehmen ist ohne begeisterte Kunden auf Dauer erfolgreich. Ein stark wachsendes Marktumfeld, erfordert neue Wege und einzigartigen Service. Der Telefonserviceanbieter 66- (www.DiConn.de) bietet durch Einfachheit und Qualität einen neuartigen Kundenservice und hebt sich damit von seinen Mitbewerbern ab. Der Telefonservice unterstützt Unternehmen und Freiberufler bei der Aufgabe, einen optimalen telefonischen Kundenservice und ständige Erreichbarkeit zu gewährleisten. Ziel ist es, den Auftraggeber im Büroalltag soweit zu entlasten, wie er es gern wünscht.

Die Basis für maximalen Kundenservice

Wenn es heißt, für den Kunden alles möglich und ihn zum „König" zu machen, hört sich das im ersten Moment aufwendig und kompliziert an. Dabei sind die Grundsteine für einen maximalen Kundenservice recht überschaubar:

Der Auftraggeber wünscht sich vor allem Einfachheit und Transparenz.

Für einen Telefonservice bedeutet dies z.B., ein Tarif und keine Minutenabrechnung. Alle Kosten sind für den Kunden absolut überschaubar und es entstehen keine Missverständnisse. Er kann seine Investition jeden Monat ganz einfach nachvollziehen.

Die Pro-Anruf-Abrechnung ist inzwischen fast eine Seltenheit unter den verschiedenen Anbietern, doch nur so kann absolute Kostentransparenz garantiert werden.

Weiterhin erwartet der Kunde Qualität und natürlich die Sicherheit seiner Daten. Um dies in besonders hohem Maß zu gewährleisten, verfügt ein Telefonservice idealerweise über eine Datenschutz-Zertifizierung, wie z.B. die DIN ISO/IEC 27001.

Top-Technologie erleichtert jeden Kundenwunsch

Die Konsequenz der TÜV-Zertifizierung und des hohen Anspruches an den eigenen Service ist die richtige Infrastruktur. Wer sich als Dienstleister für eine ideale Technologie entscheidet, hat es leichter Kundenwünsche zu erfüllen und individuell zu reagieren.

Es braucht also in erster Linie eine Software, die besonders vielseitig einsetzbar ist. Für den Telefonservice überzeugt in Sachen Flexibilität die CRM- und Callcenter-Software AG-VIP SQL von Grutzeck-Software. Zum Beispiel erhält der Telefonservice - Kunde nach jedem Anruf eine Benachrichtigung, egal ob er diese per Email, SMS oder gesammelt am Ende des Tages bekommen möchte, individuelle Einstellungen sind für jeden einzelnen Auftraggeber ohne Probleme realisierbar, auch in Kombination. Wünscht der Auftraggeber kurzfristig Änderungen, sind diese mit wenigen Klicks eingestellt. Die CRM-Software bietet zahlreiche Möglichkeiten, Vorgänge der unterschiedlichen Kunden optimal zu verwalten und nachzuvollziehen.

Alleinstellungsmerkmal: Flexibilität

Auf Kundenwünsche flexibel zu reagieren, ist somit keinesfalls ein Kraftakt. Ganz im Gegenteil. Wer über die richtige Basis verfügt, bietet dem Kunden sogar von allein automatisch individuelle Lösungen an. Genau das macht im Dienstleistungssektor maximalen Kundenservice aus: Sich individuelle Anforderungen von Kunden zu wünschen. Und genau diese Art von Flexibilität ist es, die den einen Dienstleister vom anderen unterscheidet.

Grutzeck-Software

Grutzeck-Software bietet seit mehr als 30 Jahren flexibel anpassbare CRM- Software für Vertrieb, Marketing und Service. AG-VIP SQL wurde für Windows 7 zertifiziert und hat bereits mehrere Innovationspreise gewonnen. Wenn Sie Abläufe beschleunigen und mehr Transparenz erreichen wollen, sprechen Sie uns an.

Grutzeck-Software GmbH
Markus Grutzeck
Markus.Grutzeck@grutzeck.de

Hessen-Homburg-Platz 1
63452 Hanau
06181 - 9701-0
www.grutzeck.de

CE Electric – reibungsloses Störfallmanagement bei Stromausfall

Der britische Stromversorger CE Electric beliefert über 3,8 Millionen Haushalte und Grundstücke mit Strom. Ein stets zuverlässig funktionierendes Netz ist da natürlich wesentlich für den Geschäftserfolg. Nicht weniger wichtig ist dem Unternehmen eine transparente Kommunikation mit dem Kunden, wenn der Strom mal nicht fließt: Im Störfall sollen sie sich schnell informieren können – möglichst zeitnah, möglichst unkompliziert und von jedem Ort aus, ohne auf einen Internetanschluss angewiesen zu sein. Gleichzeitig soll das Contact Center entlastet werden. Ein telefonischer Auskunftsdienst mit Self Service-Angebot stellt hier die optimale Lösung dar.

Hohes Anrufvolumen bei Störfällen effizient managen

Oberstes Ziel von CE Electric war es, das hohe Anrufvolumen bei Störfällen mit einem automatisierten Sprachdialog aufzufangen und Kunden schnell zu informieren. Die Anforderungen an die einzusetzende Anwendung waren damit klar: Dem Anrufer soll automatisiert und ohne komplizierte Adresserhebung der ihn betreffende Fall zugeordnet werden. Die Informationen sollen automatisiert vorgelesen werden, wobei die notwendigen Daten stets aktuell und verfügbar sein müssen. Ist der Fall dem System noch nicht bekannt, muss der Anrufer die Möglichkeit haben, diesen zu melden. Rückrufservices signalisieren proaktiven Kundenservice. Für eine tiefer gehende Beratung muss die Vermittlung zu einem Agenten möglich sein.

Schnelle Hilfe für Kunden per Sprachdialog

Für die Umsetzung der Hotline beauftragte das Unternehmen die Siemens Enterprise Communications England. Aufgrund des benötigten Know-hows bei Sprachplattformen auf Basis der Voice Portal-Technologie von Genesys holte Siemens Telenet mit ins Boot. Telenet hat Siemens bei der Umsetzung des Projekts durchgehend beraten und den Sprachdialog auf dem eingesetzten Siemens OpenScape Contact Center Voice Portal realisiert – zur äußersten Zufriedenheit von Ken Key, Projektleiter bei Siemens: "Wir danken Telenet für die sehr gute Zusammenarbeit. In allen Phasen des Projekts wurde pünktlich geliefert, die Qualität der Softwareanwendungen ist hervorragend".

In der realisierten Hotline wird der Anrufer – egal ob er vom Festnetz oder vom Handy aus anruft – über seine eindeutige MSISDN und eine anschließende Kundendatenbankabfrage identifiziert. Bei unbekannten Anrufern werden die Adressdaten im automatisierten Dialog erhoben. Die notwendige Adresserkennung stellte hier eine besondere Herausforderung dar, da englische Anschriften ohne eindeutige Benennungsregeln wesentlich mehr von der Spracherkennungssoftware verlangen als deutsche Anschriften, die nach Postleitzahl, Straßennamen und Hausnummer sortiert sind. Ist der Anrufer identifiziert, werden ihm die vorher aufgezeichneten Störungsmeldungen vorgelesen. Der Kunde kann sich per SMS oder Virtual Agent – ein Outbound IVR-Dialog – über den Bearbeitungsstatus „seiner" Netzstörung auf dem Laufenden halten lassen. Er muss dafür lediglich einen Rückrufwunsch hinterlassen und entscheiden, auf welchem Weg und unter welcher Rufnummer er benachrichtigt werden möchte. Ist ein Störfall noch nicht bekannt, kann der Anrufer diesen entweder per automatisierten Sprachdialog oder im persönlichen Gespräch mit dem Agenten in der Datenbank eintragen lassen. Ein Techniker der CE Electric überprüft dann den Vorgang.

Perfekter Kundenservice wenn's mal hakt

Energieanbieter aber auch Telekommunikationsunternehmen müssen sicherstellen, dass Ihre Produkte und Services permanent verfügbar sind. Sollte dies einmal nicht der Fall sein, muss eine perfekte Kommunikation zum Kunden bis zur Behebung des Störfalls gewährleistet sein. Eine Auskunftshotline mit Voice Self Services stellt hier eine sehr praktikable und günstige Lösung dar, da inzwischen jeder Kunde mindestens ein Telefon besitzt und bestehende Telefonservices optimal ergänzt werden können. Über entsprechende Nummern ist dieser Service sogar kostenfrei.

.telenet

Telenet GmbH Kommunikationssysteme ist einer der führenden Spezialisten für Sprachdialogsysteme sowie Testlösungen für VoIP, Voice, Video, Sprachanwendungen und Contact Center im deutschsprachigen Raum. Telenet Sprachanwendungen finden insbesondere bei Finanzdienstleistern, Telekommunikationsanbietern sowie in Transport, Verkehr und Logistik ihren Einsatz und sorgen dort für eine kundenorientierte Teil- oder Vollautomatisierung telefonischer Kundenservices.

Telenet GmbH
Kommunikationssysteme
Anita Möllering
marketing@telenet.de

Marsstraße 33
80335 München
089 - 36073-0
www.telenet.de

Festnetztelefonie mit dem iPhone

Mit „TeamSIP Centrex" hat die Münchener TeamFON GmbH eine virtuelle Telefonanlage entwickelt. Sie stellt Geschäftskunden Telefoniefunktionen auf Enterpriseniveau über das Internet zur Verfügung. Die zentrale Telefonanlage wird mit allen Telefonnummern in einem hoch sicheren und hoch verfügbaren Rechenzentrum gehostet und betrieben. Die Telefone werden einfach über das weltweite Internet an die Zentrale angeschlossen. Somit genügt für diese Art der Firmentelefonie auf Seiten der Nutzer ein Internet-Anschluss, egal ob fest oder mobil, im Inland wie im Ausland. An dieser Telefonanlage können sich nicht nur die Telefone unterschiedlicher TK-Hersteller anmelden. Es können sich auch sehr innovative Telefonie-Endgeräte wie Notebooks, NetBooks oder SmartPhones von jedem internetversorgten Ort der Welt mit der zentralen Telefon-Anlage verbinden, neuerdings sogar das iPhone.

TeamSIP 2phone - Festnetztelefonie für das iPhone

Mit der jüngsten iPhone App der TeamFON GmbH kann der Anwender aus dem iPhone heraus mit der Büro-Festnetznummer und -Nebenstelle mobil telefonieren. Dabei kann er wählen, ob das abgehende Gespräch über das GSM Mobilfunknetz oder über die zentrale Telefonanlage in der Cloud geführt wird. Im letzteren Falle wird beim Gesprächspartner die Büro-Festnetznummer angezeigt. So bekommt das iPhone quasi eine „Mobile Festnetznummer".

Die Benutzerführung lehnt sich an die iPhone-Telefonie an: So spürt der Anwender bei der Cloud Telefonie keinen Unterschied zur Mobilfunk Telefonie. Trotzdem kann er auf dem iPhone jetzt auch die firmenweiten Telefonbücher der zentralen Telefonanlage in Echtzeit durchsuchen.

Weiterhin kann er den zentralen Anrufbeantworter der Telefonanlage am iPhone abhören sowie alle via Cloud-Telefonanlage geführten und verpassten Telefonate auf dem iPhone anzeigen lassen. Herr Kneffel, der Geschäftsführer der MKJ GmbH meint hierzu:
"TeamSIP 2Phone ist für mich die zurzeit beste und ausgereifteste iPhone App für Cloud Telefonie. Die einfache Benutzerführung ermöglicht eine sofortige Nutzung der Büro-Festnetznummer über das iPhone und die zusätzlichen Features machen die App zu einem unverzichtbaren Tool für zukunftsweisende Kommunikation."

Vom isolierten Luxus-Handy zum integrierten Business-Werkzeug

Selbst im fernen Urlaub oder unterwegs beim Kunden sieht der iPhone-User allzeit den Status und die Verfügbarkeit seiner Arbeits-Kollegen: Wer ist anwesend? Wer ist abwesend? Wer ist im Meeting? Wer ist im Urlaub? Wer telefoniert gerade?

Das erspart fruchtlose Anrufe, fördert die Koordination und Zusammenarbeit von Teams und steigert somit auch die Produktivität des ganzen Unternehmens.

TeamFON stellt diese App im Rahmen seiner selber entwickelten virtuellen Telefonanlage „TeamSIP" zusammen mit dem Telefonclient „TeamSIP 2go" und einem Web Portal zu einer günstigen monatlichen Miete zu Verfügung. Auch können SIP Telefone verschiedener Hersteller eingebunden werden. Damit ist der Kunde unter seiner gewohnten Festnetznummer auch außerhalb seines Büros erreichbar.

Team FON
VoIP Lösungen

Die TeamFON GmbH entwickelt und betreibt virtuelle Telefonanlagen aus der Cloud. Diese stellen Enterprise Telefonfunktionen zu einer günstigen monatliche Miete bereit..

TeamFON GmbH
Dr.-Ing. Thomas Kupec
tku@teamfon.com

Stahlgruberring 11
81829 München
089 - 427005.60
www.teamfon.com

WOIZZER for Business

Von eMail bis Mobiltelefon – digitale Kommunikationsmittel haben unser Leben revolutioniert, im Privaten wie auch in der Unternehmens- und Kundenkommunikation. Mit WOIZZER for Business, der innovativen sprachbasierten Applikation für Smartphones, eröffnen sich nun erneut bahnbrechende mobile Kommunikationslösungen. Davon profitieren insbesondere mittlere und große Unternehmen.

Sprachbasierte Kurzmitteilungen für Ihre Teams

Die Applikation führt die modernste Technik mit dem ältesten Kommunikationsmittel zusammen – der persönlichen Stimme. Mit WOIZZER for Business reden Sie endlich wieder mehr mit Ihren Kollegen. Denn: WOIZZER, das sind gesprochene Kurzmitteilungen mit Ihrer eigenen Stimme. Sie nehmen Ihre Sprachnachricht mit der praktischen App auf und versenden sie einfach und schnell an einen oder mehrere Kollegen. Keine unpersönlichen Text-to-voice-Computerstimmen, kein mühsames Getippe mehr.

Unternehmensvernetzung 2.0: mobil, effizient, persönlich

Stellen Sie sich vor, Sie möchten während einer Geschäftsreise von Ihrem Außendienst-Team ein Update zu einem Projekt einholen und dann ein kurzes Feedback geben. Ihre Mitarbeiter sind gerade an verschiedenen Orten unterwegs. Kein Problem: Denn Ihr Team ist ja über die App vernetzt. Sie sprechen eine Mitteilung, eine sogenannte WOIZZ, in Ihr Smartphone: „Liebe Kollegen, ich brauche für das Vorstands-Meeting kurz den Projektstatus." Sie wählen in Ihrer Kontaktliste die Gruppe „Außendienst-Team" und tippen nur einmal auf „Senden". Fertig! Schon erhält jedes Team-Mitglied automatisch eine Push-Nachricht mit Ihrer Nachricht auf seinem Smartphone.

Sprachnachrichten und Memos

Jeder Mitarbeiter hört die Nachricht ab. Auch wenn die Anfrage eilt, ist Ihrem freundlichen Tonfall anzuhören, dass sich keiner unter Druck gesetzt fühlen soll. Hingegen bei schriftlichen Ad-hoc-Mitteilungen wie eMails oder SMS kann schnell mal etwas missverstanden werden. WOIZZER for Business ist durch die persönliche Stimme und Ansprache ein hervorragendes Kommunikationsmittel. Ihre Mitarbeiter antworten nun per Sprachnachricht und senden diese an Sie oder das Team. „Danke für die schnelle Rückmeldung! Lasst uns jetzt Projektstufe zwei starten" – Ihre Mitteilung geht sekundenschnell raus. Genauso schnell nehmen Sie Ihre Zusammenfassung des Projektstandes als gesprochene Memos auf. Diese senden Sie über die App an Ihre Assistentin zur Abschrift.

So sparen Sie sich mit dem kostengünstigen Tool viele der logistisch aufwendigen und teuren Videokonferenzen.

Routenplaner – mit WOIZZER auf dem richtigen Weg

Natürlich kann WOIZZER for Business noch viel mehr. Zum Beispiel können Sie mit jeder Nachricht auf Wunsch automatisch Ihre aktuelle GPS-Position angeben. Kennen Sie das nicht auch? Ein auswärtiger Kunde ist auf dem Weg zu einem Termin mit Ihnen: „Ich habe mich etwas verfahren", lässt er Sie wissen. Dank der App können Sie ihm schnell und praktisch helfen. Sie senden eine Antwort und hängen damit automatisch eine Karte als Routenplaner an. So findet Ihr Kunde auf dem schnellsten Weg zu Ihnen.

Immer im Bilde: Fotos und Videos als Anhänge

Ihre Filialen sollen ein neues Gesicht bekommen. Der Innenarchitekt hat im Flagship Store bereits die erste Etage neu gestaltet. Als Zwischenstand schickt er Ihnen eine Sprachnachricht und hängt ein Video mit seinem Rundgang durch das neu eingerichtete Geschäft an. Sekundenschnell erhalten Sie während eines Geschäftsessens das Video und spielen es ab. Schon können Sie sich ein Bild von den ersten Modernisierungen machen – und Ihren Geschäftspartnern stolz das Video präsentieren. Mit Ihrer Dankeschön-WOIZZ schicken Sie ein Foto von den beeindruckten Gesichtern Ihrer Kunden.

Sie sehen schon: WOIZZER for Business ist das ideale, mobile Kommunikationsmittel für Sie und Ihre Teams. Denn die innovative Sprachtechnologie bietet Ihnen in unterschiedlichsten Geschäftssituationen auf Ihre Bedürfnisse zugeschnittene Lösungen und erschließt so völlig neue Kommunikationshorizonte.

Telefonanlage ade: Virtualisierung befreit vom Ballast

Immer mehr Unternehmen schicken ihre alte Telefonanlage in Rente und setzen auf virtualisierte Lösungen. Keine Telefonanlage im Haus bedeutet neben geringerem Wartungsaufwand auch kein umständliches Umkonfigurieren und keine teuren Wartungsverträge mehr. Gerade für kleine und mittelständische Unternehmen, kann dies eine besondere Entlastung im Geldbeutel bedeuten.

Für die Kommunikation werden nur noch die Telefon-Endgeräte an das firmeneigene Netzwerk angeschlossen. Wichtige Anlagenmerkmale wie Weiterleiten, Durchwahl oder Rückruf bleiben erhalten. Hinzu kommen praktische Funktionen wie ein Vermittlungsplatz, Voicemail oder Fax–to-Mail sowie Mail-to-Fax. Konfiguriert wird alles bequem per Weboberfläche am PC.

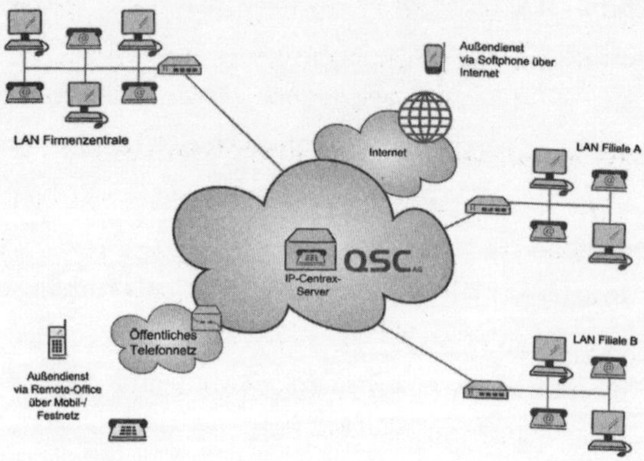

Mit der neuen Version ihrer virtuellen Telefonielösung IPfonie centraflex 3.0 zeigt die Kölner QSC AG, was „Telefonie-as-a-Service" bedeutet: Individuelle Anbindungen, mehr Endgeräte und noch mehr Flexibilität bei der Verknüpfung mit Applikationen.

Die Steuerung erfolgt bequem über eine Weboberfläche oder direkt aus Programmen wie beispielsweise Outlook. Von dort lassen sich Gespräche starten oder Konferenzen initiieren. Kundendaten können bei Anruf automatisch am Bildschirm angezeigt werden. Das spart Zeit und sorgt für ein professionelles Erscheinungsbild.

Spareffekt besonders bei Standortvernetzungen

Während der Netzbetreiber fortan das Leitungs- und Rufnummernmanagement übernimmt, mietet sich der Kunde die Funktionen, die er gerade benötigt. Vorteil für den Nutzer: Die Telefonanlage veraltet nicht, muss weder gewartet noch repariert werden und entwickelt sich mit dem aktuellen Stand der Technik weiter. Besonders bei Standortvernetzungen kommen die Vorteile zum Tragen: So entfallen für jeden Standort die Investitionen für die Systemtechnik vor Ort, denn alle Filialen werden zentral verwaltet.

Ein weiterer Vorteil ist die nachträgliche Erweiterbarkeit durch neue Funktionen: So wächst die Telefonanlage stetig mit den Ansprüchen des Unternehmens, ohne dass in neue Hardware investiert werden muss.

Alles aus einer Hand: Von der Leitung bis zum Endgerät „Mit IPfonie centraflex bekommt der Kunde alles aus einer Hand: Die Leitung für Sprache und Daten, die virtualisierte Telefonanlage, das Rufnummernmanagement und die Endgeräte", so QSC Produktmanager Heinz-Jürgen Eßer.

Migration ermöglicht sanften Übergang

„Ganz wichtig ist es, den Kunden die Möglichkeit zu einer sanften Migration weg von der alten Haustechnik, hin zu einer modernen ausgelagerten Lösung zu bieten. Im Gegensatz zu unseren Mitbewerbern haben wir den entscheidenden Vorteil, über ein eigenes Netz zu verfügen, so dass wir unseren Kunden auch anbieten können, die alte Anlage zunächst im Haus zu behalten, und nur Schritt für Schritt, einzelne Arbeitsplätze zu migrieren."

Auf Wunsch mit Eignungstest

Nicht verschwiegen werden soll, dass es ganz ohne Investitionen mit keiner IP-Lösung funktionieren wird: Da die Sprachkommunikation über das lokale Computernetzwerk abgewickelt wird, sollte dieses ausreichend dimensioniert sein, um den zusätzlichen Transport von Sprachdaten ohne Zeitverzögerung zu gewährleisten. „QSC bietet auf Wunsch einen technischen vorab Check vor Ort an, um das Netzwerk auf seine Eignung hin zu überprüfen", fügt Heinz-Jürgen Eßer hinzu.

QSC AG
Ihre Premium-Alternative

Die QSC AG, Köln, führender mittelständischer Service-Anbieter der Telekommunikationsbranche mit eigenem Next Generation Network (NGN), bietet vor allem mittelständischen Unternehmen die gesamte Palette hochwertiger Breitband-Services. Neben der Bereitstellung netznaher Sprach- und Datendienste realisiert QSC Standort-Vernetzungen (VPN) und hochperformante DSL-, Ethernet- und Richtfunk-Anbindungen. Darüber hinaus liefert QSC im Wholesale-Geschäft nationalen und internationalen Carriern, ISP sowie markenstarken Anbietern im Privatkundenmarkt die notwendigen Vorprodukte. QSC beschäftigt derzeit rund 650 Mitarbeiter und ist im TecDAX gelistet.

QSC AG
info@qsc.de

Mathias-Brüggen-Str.55
50829 Köln
0800 - 77 22 375
www.qsc.de

Delius Klasing Verlag startet standortübergreifende Unified-Communications-Lösung

Der Verlag Delius Klasing ist Europas größter Wassersportverlag und führend im Bereich Radsport- und Automobil-Medien. Der Verlag beschäftigt 220 Mitarbeiter, davon über 130 am Verlagsstandort Bielefeld. Die Zeitschriftenredaktionen und Buchlektoren haben ihre Standorte in Kiel, Hamburg, München und Karlsruhe. Bereits seit 2002 arbeitet der Verlag mit dem Unified-Communications (UC)-Spezialisten MCA GmbH aus Stolberg zusammen. Was ursprünglich (nur) mit einer Faxlösung für IBM i und Lotus Notes begann, dann durch MCA Unified Messaging für Fax, Voice Mail und Computer Telefonie (CTI) bis zu einem multimedialen Contact Center ausgebaut wurde, ist jetzt zu einem kommunikativen Großprojekt geworden. Dabei stellte MCA die Kommunikation komplett auf IP (Internet Protocol) um, übertrug sämtliche Sprach-, Fax- und Voice-Mail-Funktionen von Lotus Notes auf MS Exchange und integrierte die Apple-Systeme in den Redaktionen in Hamburg und München in die UC-Lösung.

Im ersten Projekt stand die Optimierung der Vertriebskommunikation im Vordergrund. Durch die eingeführte Sprach-, Fax- und Voice-Mail-Lösung können die Vertriebsmitarbeiter heute direkt aus Applikationen heraus telefonieren, Faxe versenden und empfangen sowie Sprachnachrichten erhalten. Darüber hinaus wurde das eigens für die Vertriebskommunikation entwickelte multimediale Contact Center MCA Konvy Communication Broker implementiert. Der Communication Broker übernimmt alle einkommenden Nachrichten, ganz gleich, über welches Medium sie eintreffen. Diese Nachrichten leitet er dann nach frei definierbaren Regeln an einen zuständigen Mitarbeiter oder das Konvy-interne Sprachdialogsystem weiter, zusammen mit den bereits vorliegenden Informationen über den Anrufer bzw. Absender. Mitarbeiter sehen damit bereits vor der Gesprächsannahme sämtliche Anruferdaten und den dazugehörigen gesamten Nachrichtenverkehr von den Telefonaten über Faxe, Emails, SMS-Nachrichten bis zu den Voice Mails in chronologischer Reihenfolge. Auf dieser Basis können sie dann dem Anrufer maßgeschneiderte Angebote unterbreiten. Zu den Informationen gehören auch Zahlungsmoral und Bonität der Kunden, die beim Verkauf im Auge zu behalten sind. Zudem verschafft der Communication Broker der Verlagsleitung die Möglichkeit, den Wertbeitrag, die Produktivität und die Organisation der Vertriebsabteilung anhand aussagekräftiger Kennzahlen zu analysieren, zu optimieren und im täglichen Geschäft zu steuern.

Die erfolgreiche Zusammenarbeit zwischen Verlag und Systemhaus sowie die wertsteigernde Prozess-Optimierung, die die UC-Lösungen im Vertrieb gebracht haben, motivierten Delius Klasing, einen nächsten Schritt zu gehen.

"Die erste Unified-Communications-Lösung, die MCA bei uns eingeführt hat, optimierte die Vertriebskommunikation genauso, wie MCA dies prognostiziert hatte. Der gesamte Vertriebs- und Servicebereich bis hin zum Management und natürlich die Kunden profitierten von den Verbesserungen. Das Optimierungspotenzial, das Unified Communications bietet, wollten wir deshalb auch für andere Verlagsbereiche nutzen", erklärt Hermann Gärtner, IT-Leiter beim Verlag Delius Klasing.

Die Kommunikation im Verlagshaus sollte standortübergreifend auf IP umgestellt werden. Zudem zwang die Migration von Lotus Notes auf Microsoft Exchange, die Sprach-, Fax- und Voice-Mail-Funktionen auf die neue Plattform zu übertragen.

Darüber hinaus waren die Apple-PCs mit denen die Kreativen und Journalisten in den Hamburger und Münchener Redaktionen arbeiten, in die Gesamtlösung zu integrieren. Auch der Communication Broker musste von Lotus Notes auf MS Exchange umgestellt werden.

IP-TK-Anlage von Avaya

Als Grundlage für die Umstellung auf Voice over IP wurde die bestehende Telefonanlage durch eine Kombination aus ISDN und IP von Avaya ersetzt. Die externe Kommunikation erfolgt zurzeit weiter per ISDN, die gesamte interne Kommunikation über IP.

Der Nutzen ist überall spürbar

"Es hat sich gelohnt, mit MCA einen weiteren Schritt in Richtung Unified Communications zu gehen. Der Nutzen für unser Traditionsunternehmen ist überall spürbar und vor allem messbar", resümiert Hermann Gärtner.

MCA Point of Communication

MCA optimiert und strafft die elektronischen Kommunikations- und Geschäftsprozesse von mittelständischen Unternehmen, Konzernabteilungen und öffentlichen Verwaltungen mit Unified-Communications-Lösungen. Ziel der Prozess-Optimierung ist es, den Unternehmenswert durch produktivere Mitarbeiter, Kostenersparnisse oder Umsatzerhöhungen zu steigern.

MCA GmbH
Michael Knauff
mknauff@mca-gmbh.de

Steinfurt 37
52222 Stolberg
02402 - 86559-55
www.mca-gmbh.de

Neue Wege im Bereich Audio-Interface-Design

Projekt: WGV Versicherungen

Zielsetzung: Implementierung eines überzeugenden Konzeptes im Bereich Audio-Interface-Design an der Kontaktschnittstelle Telefonie. Der Fokus wurde auf eine CI-gerechte Gestaltung des Phone-Images der Marke WGV Versicherungen gelegt.

Hierfür wurde die Callflow-Systematik der Serviceschnittstellen Tarifauskünfte, Schadensmeldungen und Allgemeine Auskünfte perfektioniert, indem kurze, zielführende Ansage-Texturen für jede Servicesituation erstellt wurden. Interessenten und Kunden sollen dadurch möglichst einfach, schnell und unkompliziert an die richtige Servicestelle geleitet werden. Zeitgleich führte der Prozess des Voice-Screenings zur Definition der Corporate-Voice „Phone". Gemeinsam mit der konzeptionellen Entwicklung und Umsetzung des Audio-Interface-Designs wurde eine hochwertige und vertrauensvoll anmutende Klangwelt geschaffen, die das Markenimage der Versicherung perfekt transportiert. Es entstand ein akustisches Image mit einer modularen Corporate-Sound-Systematik, wie z.B. der Corporate Music und dem Corporate Jingle. Diese Klangelemente können crossmedial eingesetzt werden.

Besonderheit: Einen besonderen Schwerpunkt stellten die individuellen Dialogsituationen je Servicefall dar.

WGV Versicherungen **Callflow-Systematik**

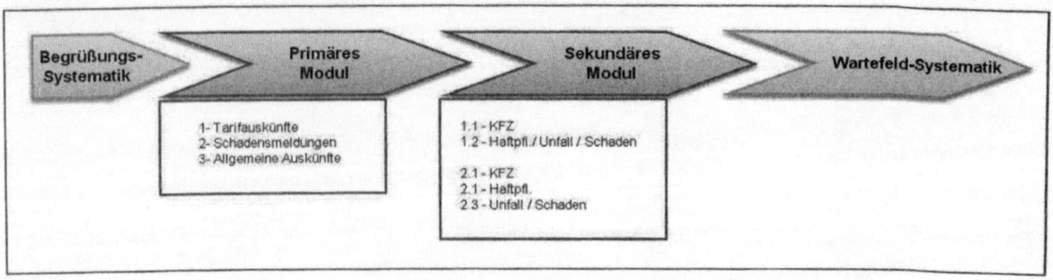

Der Interessent oder Kunde wird nach einem speziellen Begrüßungsmodul anhand des jeweiligen Serviceanliegens schnellstmöglich zum Zielpunkt geführt. Neuartig war die Entwicklung eines situativen und modularen Wartefeldbereiches. Dieser bietet Raum für Infotainment, löst den bis dahin eher undifferenziert betrachteten Wartebereich auf und bietet neue Möglichkeiten diesen als proaktives Marketinginstrumentarium zu erschließen. Angepasst an die jeweilige Servicesituation können dadurch individuelle Informationen mit besonderer Relevanz für den Kunden eingesetzt werden.

Ergebnis: Das neue Audio-Interface-Design an der Kontaktschnittstelle Telefonie führte zu einer Steigerung der Effektivität der verschiedenen Tele-Dialog-Situationen. Durch die gelungene Kombination von Wort und Klangbild wurde eine positive Atmosphäre geschaffen, die den Anrufer einfängt, und die Kernwerte Kompetenz, Vertrauen und Sicherheit authentisch transportiert. Für die WGV Versicherungen bedeutet dies langfristig, die Zunahme der Kundenzufriedenheit, die Steigerung des Markenimages, eine Erhöhung des Wiedererkennungswertes, eine Verlängerung der Wartebereitschaft der Anrufer, eine Reduzierung der Abbruchrate der Anrufer und eine verbesserte Kundenbindung.

Hörbeispiel: www.comevis.com/inspiration

Kundenzitat:

„... Das durch die Experten von comevis entwickelte Konzept des Audio-Interface-Designs dokumentiert unseren Anspruch bzgl. der ausgestrahlten kommunikativen Kompetenz. Es stärkt unser Erscheinungsbild als verlässlicher Partner rund um Sicherheit und Vorsorge. Wir freuen uns mit comevis einen Partner, mit hochspezialisierter Expertise, in Sachen Audio Marketing und Audio-Interface-Design gefunden zu haben."

Axel Schwarz, Teamleiter Betriebsorganisation; Michael König, Projektleitung CTI; Württembergische Gemeinde Versicherung a.G.

Neukundengewinnung durch Desktop-Marketing

Die Idee von Desktop-Marketing ist es, einen Mehrwert in Form eines kleinen Programms (sog. Widgets) anzubieten, das der Kunde bereit ist zu laden und zu installieren. Einmal auf dem Desktop, im Startmenü oder als Screensaver installiert, verfügt der Werbetreibende über einen eigenen Kanal mit eigener Reichweite. Mittels Updates können weitere Funktionen und Informationen nachgeliefert werden.
Doch ist es ein Drahtseilakt, ob es tatsächlich als Mehrwert wahrgenommen wird oder nur als Spielerei. Oft entscheidet sich dies trotz gründlicher Recherche erst nach Einführung des Produkts. Ein gutes und erfolgreiches Beispiel für einen Mehrwert bietet die Deutsche Post mit dem Paketassistenten – einem Servicetool für den Paketversand (http://bit.ly/paketassistent). Damit können Kunden am heimischen Computer mittels einer Webcam die passende Paketgröße für jeden Gegenstand ermitteln. Den Auftrag für Entwicklung und Umsetzung der Serviceanwendung vergab die Deutsche Post / DHL an die Aachener Multimedia Agentur Powerflasher.

AR (Augmented Reality) als Schlüssel zu neuen Mehrwerten

Der Mehrwert des DHL Paketassistenten wurde mit der Technologie Augmented Reality (AR) realisiert. Bei AR handelt es sich um die so genannte „erweiterte Realität". Über eine real gefilmte Umgebung werden vom Computer erzeugte Inhalte eingeblendet. Der Anwender sieht auf dem Monitor ein kombiniertes Bild aus realem Hintergrund und virtuellem Objekt. Die Bildprojektion erfolgt in Echtzeit und lässt sich interaktiv bedienen.
In drei Schritten können Benutzer mit dem Paketassistenten und einer Webcam die richtige Verpackungsgröße ermitteln. Zur Vorbereitung druckt die Software ein schwarzes Markierungsquadrat mit DHL Logo aus. Dieser Ausdruck liefert dem Programm die Relationen zum Kamerabild für Größe, Perspektive und Position des virtuellen Pakets. Sobald die Kamera diese Markierung erfasst, erzeugt der Paketassistent im realen, abgefilmten Kamerabild ein virtuelles Paket. Der Kunde platziert nun den Inhalt seiner Sendung auf der Markierung. Auf dem Bildschirm sieht es aus, als ob der Gegenstand tatsächlich in dem virtuellen Paket liegt. Dabei ist durch Drehen des Markers und damit des virtuellen Pakets, leicht zu erkennen, ob der Inhalt hinein passt. Nach der Zustellung des Packsets lässt sich die Sendung zudem online frankieren.

Hippokratischer Eid der Werbetreibenden

Ist die Entscheidung für einen Mehrwert gefallen, muss man vorsichtig mit dem Branding der Anwendung sein. Denn wer installiert sich schon freiwillig ein Werbe-Banner auf den Desktop? Fanwidgets für eine Musikgruppe oder teilweise sehr emotionale Marken wie Apple oder Mercedes bilden hier sicher die Ausnahme. Alle Anderen müssen kreativer sein. Damit sie auf den Desktop kommen, dürfen sie dort ausschließlich Nutzen stiften. Erst hierüber stellt sich der Werbeeffekt ein. Und das wirkt. Denn statt mit einem Banner der Störer zu sein, wird man mit einem solchen Mehrwert der freundliche Helfer. Alle Firmen können einen solchen Nutzen für ihre Kunden identifizieren, welcher gleichzeitig auch einen Werbeeffekt birgt.

Beispiel Krankenversicherung: Was kann die schon für einen Mehrwert bieten, den man sich installieren würde? Wie wäre es beispielsweise mit einem Gesundheitsberater inkl. Ernährungstipps und Trainingsplaner. Als Kunde würde ich sicher auch auf ein Angebot klicken, wenn mir das Widget eine auf meine Gesundheit zu geschneiderte Krankenversicherung anbietet. Nicht immer muss es aber der Neukundengewinnung dienen. Es ist ebenso wichtig, Käufer in ihrer Entscheidung zu bestätigen und sie zu echten Fans zu machen. Ein kleines Servicetool, das ich mit zum Kauf eines Produktes erhalte, kann helfen. Der Kunde bleibt so im ständigen Kontakt mit dem Hersteller.

„Wir waren eines der ersten DAX Unternehmen, dass bereits früh die Chance von Desktop-Widgets erkannt hat." Marco Hauprich (Vice President - Neue Technologien Deutsche Post AG). Vor dem Paketassistenten hat die Deutsche Post AG u.a. mit dem Zeitfinder (www.zeitfinder.de) einen Mehrwert-Service veröffentlicht und investiert so bereits zum wiederholten Mal mit der Powerflasher GmbH in Desktop-Marketing.

POW ERFLA SHER

Die Powerflasher GmbH entwickelt seit 1997 multimediale Lösungen und ist mit über 1000 Referenzen einer der führenden europäischen Anbieter. Das feste ca. 40-köpfige Spezialisten-Team der drei Units „Agency", „Solutions" und „Labs" produziert ganzheitlich komplexe Lösungen von der Konzeption über das Design, die Usability bis hin zur vollständigen Entwicklung. Das bereits 1997 von Carlo Blatz gegründete Unternehmen, setzte seither über eintausend Referenzprojekte erfolgreich um, darunter viele für namhafte Agenturen und Kunden wie Converse, Deutsche Telekom und Jung von Matt.

Powerflasher GmbH
Carlo Blatz
info@powerflasher.de

Belvedereallee 5
52070 Aachen
0241 - 91880230
www.powerflasher.de

Software aus der Cloud: infoWAN realisiert innovative Lösung für Forcelab

Seit vielen Jahren ist die infoWAN Datenkommunikation GmbH spezialisiert auf Messaging und Collaboration. Vor zehn Jahren machte das Unternehmen erste Erfahrungen mit dem Hosting von Anwendungen, doch zu diesem Zeitpunkt waren die Kosten für die Kunden zu hoch. Inzwischen können diese Lösungen günstiger angeboten werden und das Interesse der Kunden, Software in der Cloud zu nutzen, steigt kontinuierlich. Aufgrund der langjährigen Erfahrung, die infoWAN mit Lösungen wie Microsoft Exchange Server, Microsoft Office Communications Server und Microsoft Office SharePoint Server vorweisen kann, hat sich das Unternehmen dazu entschieden, Messaging und Collaboration in der Cloud anzubieten – basierend auf der Business Productivity Online Suite von Microsoft.

Die Business Productivity Online Suite von Microsoft

Die Business Productivity Online ermöglicht es Unternehmen, bewährte Softwarelösungen zu nutzen ohne eine eigene Infrastruktur dafür aufbauen und warten zu müssen. Die Microsoft Online Services schaffen Zugang zu Tools für die Zusammenarbeit und gemeinsame Arbeitsbereiche, Workflows, Emails, Kalender und Kontakte, Instant Messaging, Präsenzinformationen sowie Audio-, Video- und Webkonferenzen. Da die Anwendungen für diese Services auf den Servern in den Rechenzentren von Microsoft betrieben werden, müssen die Kunden nicht in eine Infrastruktur im eigenen Firmengebäude investieren. Zu den Microsoft Online Services gehört auch Microsoft Active Directory sync, so dass existierende Lösungen für Messaging und Collaboration effizient angebunden werden können und getätigte Investitionen nicht verloren sind. Der Hersteller aus Redmond garantiert eine Verfügbarkeit von 99,9 Prozent, die in den Service Level Agreements abgesichert ist. Kunden können immer die aktuellsten Versionen der Software, die sie abonniert haben, nutzen. Sie bezahlen lediglich eine Nutzungsgebühr pro User und pro Monat.

Kostengünstig, zuverlässig, einfach

Ein Beispiel für einen zufriedenen Kunden ist die Forcelab AG. Das kleine Unternehmen aus Germering entwickelt und konstruiert Prüf- und Kalibriereinrichtungen und bietet zudem unabhängige Prüfungen und Kalibrierungen an. Einige Jahre lang hatte Forcelab eine auf Microsoft Exchange basierende Lösung im Einsatz, die das Unternehmen auch selbst betrieben hat. infoWAN stellte Forcelab im Zuge eines anstehendes Updates die Business Productivity Online Suite vor. Das Management erkannte schnell, dass es sich dabei um eine effiziente Möglichkeit handelt, modernste Funktionalitäten zu nutzen ohne in Hardware oder teure Software-Upgrades investieren zu müssen.

Microsoft Exchange Online bietet den Funktionsumfang von Microsoft Exchange Server, wobei die Kosten pro User und pro Monat abgerechnet werden. Dank der Microsoft Online Services hat Forcelab stets auf die aktuellsten Software-Versionen Zugriff – ohne Zusatzkosten. Mit dem Abonnement der Business Productivity Online Suite kann das Unternehmen zudem Microsoft SharePoint Online nutzen. Das Forcelab-Management hatte sich zuvor schon für den Office SharePoint Server interessiert, schreckte aber vor den Kosten und der Komplexität zurück, die die Einführung und der Betrieb dieser Lösung mit sich gebracht hätten. SharePoint Online hingegen kann sofort zum Einsatz kommen. „Kleine Unternehmen wünschen sich Services für Messaging und Collaboration, die auf den Produkten Microsoft Exchange und Office SharePoint Server basieren", erklärt Lars Riehn, Geschäftsführer der infoWAN Datenkommunikation GmbH. „Häufig haben sie jedoch nicht die notwendigen Ressourcen, diese Lösungen technisch zu betreuen und den Support dafür zu erbringen. Die Business Productivity Online schließt genau diese Lücke."

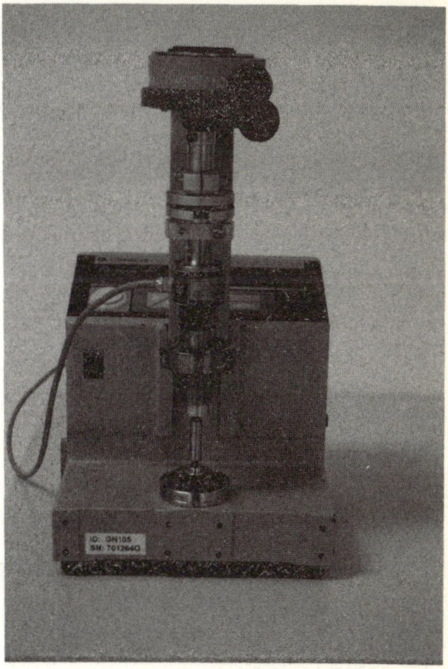

info WAN

Die infoWAN Datenkommunikation GmbH ist eine Unternehmensberatung für komplexe IT-Infrastrukturen. Sie bietet ein komplettes Dienstleistungsportfolio von Consulting, Training, Support über individuelle Softwareentwicklung bis hin zum Vertrieb von Standardlösungen. Als Microsoft Gold Certified Partner bietet infoWAN Lösungen OnPremise, in der Cloud und hybride Mischformen an.

infoWAN GmbH
Lars Riehn
info@infowan.de

Neuhofweg 5
85716 Unterschleißheim
089 - 32 47 56-0
www.infowan.de

tevitel – neue Wege der Kommunikation

CallCenter Lösungen sollen die Effizienz und Abläufe im Contact Center steigern. Dies erfolgt durch intelligentes Skill-Based-Routing, Agenten- und Management-Tools sowie umfassendes Reporting. Call Center setzen dabei auf komplexe Lösungen, die die Kundenzufriedenheit erhöhen und die zur Steigerung von Umsatz und zu einer höheren Produktivität beitragen. tevitel dachte sich, das muss auch einfacher gehen und entwickelte den tevitel.communicator office. Dies ist eine flexible CTI-Anwendung, die auch kleinen Call Centern, Vertriebs- und Servicedienstleistern vielfältige Kommunikationsmöglichkeiten bietet. Das Berliner Call Center Kordes Kommunikation setzt auf den tevitel. communicator, um im Home Office und auf Geschäftsreisen im In- und Ausland wie aus dem Büro heraus zu kommunizieren.

Unified Communication im Büro und unterwegs

Der tevitel.communicator office ist ein CTI-Tool, das stationären, mobilen und auch Home-Office-Arbeitsplätzen modernste Kommunikationstechnologie via Mausklick zur Verfügung stellt. Der tevitel.communicator office unterstützt den SMS-Versand, Werbekampagnen, automatischen Rundruf, Dial-Out Konferenzen, die Anzeige ankommender Rufe sowie die einfache Wahl aus Outlook. Telefonate werden immer über die Telefonzentrale aufgebaut. Somit fallen beim Handynutzer oder im Home Office keine Kommunikationskosten an. Der Massenversand von SMS-Nachrichten und die Durchführung vorbereiteter Kampagnen wird mit dem tevitel.communicator office zum Kinderspiel. Mit der Serienbrieffunktion werden SMS-Nachrichten, Kampagnen sowie die Einladung zu Telefonkonferenzen personalisiert durchgeführt. Die gute Sprachqualität der automatischen Nachrichten wird durch hochwertige Text-To-Speech Technologie realisiert.

One Number Lösung löst Kostenproblem

Mit dem tevitel.Communicator office kann das eigene Telefon das Arbeitsplatztelefon, ein Handy oder das Home Office Telefon sein. Ankommende Gespräche werden immer auf den richtigen Apparat geleitet. Abgehende Gespräche zeigen weltweit die Rufnummer der Firmenzentrale oder eine definierbare Servicerufnummer.

Dabei werden alle Anrufe durch die zentrale Telefonanlage initiiert, die ihre Befehle über eine einfache WAN-Verbindung von einem Home Office PC oder Notebook erhält. Gesprächskosten fallen damit nur in der Firmenzentrale an. Roamingkosten können durch länderspezifische Pre-Paid-SIM-Karten eliminiert werden. Das Berliner Call Center Kordes Kommunikation setzte das Tool in Spanien ein und sorgte mit einer Spanien Flat-Rate für kostenfreie Telefonate und Konferenzschaltungen zwischen der Berliner Zentrale und dem Standort in Spanien. Für die Kunden von Kordes Kommunikation war so nicht ersichtlich, an welchem Standort die Geschäftsleitung gerade operierte.

Mit dem tevitel.CallAnalyzer sind genaue Reportings und Verkehrsanalysen bis hin zur Servicelevelbestimmung für Call Center möglich. Gespräche und SMS, die über den tevitel.communicator initiiert werden, lassen sich mit diesem Tool detailliert auswerten.

tevitel telecommunications

Die tevitel AG hat 2001 den TK-Anlagenbereich der TELES AG übernommen und ist Hersteller von Bürokommunikationssystemen, Call-Center-Lösungen, Servicenummernrouter sowie automatischen Ansage- und Konferenzsystemen. tevitel vermarktet seine Produkte national und international über Händlernetze und Systemhäuser.

tevitel AG
Dietmar Bräuer
d.braeuer@tevitel.de

Schwedenstraße 9
13359 Berlin
030 - 302030
www.tevitel.de

Telekommunikation international

Bei der Vielzahl unterschiedlicher Rufnummern auf dem deutschen Markt ist es für Unternehmen nicht einfach, die richtige Wahl zu treffen. Denn bei der Entscheidung müssen nicht nur Kostenfaktoren für das eigene Unternehmen beachtet werden. Verschiedene Vorwahlen, die für Anrufer unterschiedlich hohe Kosten verursachen, hinterlassen auch verschiedene Eindrücke von der Einstellung eines Unternehmens gegenüber Kunden. So vermitteln kostenlose 0800-Hotlines dem Anrufer Kundenorientierung. Ganz im Gegensatz zu 0180-Nummern, die für den Anrufer meist mit hohen Minutenpreisen verbunden sind. Die gängigsten Rufnummern, die Ortsrufnummern signalisieren eine nationale und lokale Zugehörigkeit. Bei diesen Vorwahlen ist für deutsche Anrufer auch die Kostenkontrolle gegeben. Und dank des immer stärker werdenden Trends zur Flatrate sind diese Anrufe oft sogar kostenlos.

Wettbewerbsvorteil durch internationale Nummern

Für international agierende Unternehmen ist es schwer, eine geeignete telefonische Kontaktmöglichkeit bereit zu stellen. Doch die Voice-over-IP Technologie macht es möglich: durch Schaltung von internationalen Ortsrufnummern. Die Anrufe auf diese Nummern werden einfach auf bestehende Anschlüsse im Fest-, Mobilfunk- oder VoIP- Netz weitergeleitet. So kann ein deutsches Unternehmen, das auch in Spanien tätig ist, eine Rufnummer aus Madrid schalten - die Anrufe aber bequem in Deutschland entgegennehmen. Die Schwelle der Kunden, zum Hörer zu greifen, reduziert sich erheblich. Denn der Spanier kann die Kosten zu einer spanischen Nummer eher einschätzen als zu einer deutschen Vorwahl. Zusätzlich zeigt das Unternehmen Präsenz in Spanien. Dies bedeutet für das Unternehmen sowohl einen Wettbewerbsvorteil, als auch die höhere Wahrscheinlichkeit eines telefonischen Verkaufsgesprächs mit Kunden und Interessenten.

Globalisierung im Telekommunikationsmarkt

Dank der Entwicklungen des Internets schreitet die Globalisierung in großen Schritten voran. Doch trotz des starken Online-Trends kann die Email das gute alte Telefongespräch nicht ersetzen. Das zeigt die wachsende Anzahl der Schaltungen von internationalen Rufnummern auf dem Markt.

René Schmücking, Sales Manager bei der outbox AG, stellt fest: „Die Anfragen, nach unserem Produkt globalBusiness, steigen. Immer mehr deutsche Unternehmen nutzen internationale Nummern, um das Geschäft mit Kunden und Geschäftspartnern aus der ganzen Welt anzukurbeln."

Telcoon – Telefonkonferenzen international

Dass internationale Telefonielösungen gefragt sind, zeigt auch das kostenlose Marketingprojekt telcoon.de der MBIS GmbH. Hier werden Telefonkonferenzen zum Festnetzpreis mit deutschen und internationalen Einwahlen geboten. Der Spanier nutzt die Rufnummer aus Madrid, der Italiener die aus Rom und auch für Einwohner aus Japan, den USA, Großbritannien, der Schweiz und Südafrika stehen lokale Festnetznummern zu Verfügung.
Seit dem Start des Projekts im Oktober 2009 steigen die Nutzerzahlen stetig an. Es kommen jeden Monat rund 300 neue Benutzer hinzu, um Konferenzen mit dem In-und Ausland zu führen. Ein Großteil der Konferenzen wird geschäftlich geführt, um mit Geschäftspartnern, Mitarbeitern oder Kunden zu kommunizieren. Interessant ist dabei, dass sich bei jeder dritten Konferenz mindestens ein Teilnehmer über eine der internationalen Nummern einwählt. Der Projektstart wurde als „Erfolg auf ganzer Linie" bewertet und übertraf die Ziele für Bekanntheitssteigerung und Nutzerzahl um ein Vielfaches.

Wie das Beispiel zeigt, ist der Bedarf an globalen Kommunikationslösungen auf dem Markt sehr hoch. Um die passenden Angebote für die Nachfrage zu realisieren, bieten sich die weltweiten Ortsnetzrufnummern an. Die Anwendungsmöglichkeiten in Kombination mit innovativen Telekommunikationslösungen sind vielfältig und die Akzeptanz der Nummern in den entsprechenden Ländern groß.

outbox bietet seit 2004 innovative Telekommunikationslösungen. Servicerufnummern, sowie Telefonnummern aus allen deutschen Vorwahlbereichen und aus mehr als 40 Ländern an und stellt diese seinen Kunden zur Verfügung. Hochwertige Telekommunikationsdienste für Wiederverkäufer runden das Angebot ab.

outbox AG
René Schmücking
sales@outbox.de

Welserstr. 9-11
51149 Köln
0800 - 688 269 24
www.outbox.de

Mit moderner Technik ausgerüstet: IHK setzt auf Unified Communications von Swyx

Fortschrittlich war man bei der Industrie- und Handelskammer in Reutlingen schon immer: Rund 120 Mitarbeiter hatten dort seit Jahren mit IP-Telefonen der Firma Cisco telefoniert. Doch wünschte sich die IHK erheblich mehr Funktionalität. Auch Standardanforderungen waren nicht umzusetzen. So fehlte beispielsweise eine Chefsekretär-Funktion sowie neue Funktionen die man einfach per Update hinzufügen kann. Man entschied sich für den Dortmunder Anbieter Swyx und dessen Produkt SwyxWare. Diese erfüllt alle Anforderungen und zeichnet sich durch eine komplette Einbindung in die bestehenden Systeme aus.

„Wir legen Wert auf einen guten Service. Deshalb soll bei uns auch kein Gespräch ‚blind' weitergegeben werden", erläutert Bernhard Zintgraf, Leiter IT-Dienste bei der IHK.

So nutzen die Mitarbeiter die Statussignalisierung, um zu erkennen, ob der Kollege gerade telefoniert oder als „beschäftigt" angezeigt wird. Falls doch einmal ein Anrufer nicht an einen Mitarbeiter vermittelt werden kann, landen Voicemails im Posteingang und lassen sich von dort bequem abhören oder an Kollegen weiterleiten. Auch das CRM-System ist mit SwyxWare verbunden. Mitarbeiter sehen so schon vor dem Abheben, ob der Gesprächspartner bereits mit einem Kollegen telefoniert hat. Das Weiterleiten ist dann ein Kinderspiel und benötigte Dokumente stehen sofort zur Verfügung.

Die Änderung einer Rufnummer ist mit ein paar Mausklicks erledigt. Neue Mitarbeiter sind sofort erreichbar und Namensänderungen lassen sich einfach und bequem vornehmen. Wer kurzfristig den Arbeitsplatz wechselt, bleibt bei der IHK erreichbar: Die Anmeldung mit dem eigenen Windows-Account reicht aus, um die gewohnte Telefonieumgebung zur Verfügung zu stellen.

Der organisatorische Aufbau der IHK wurde grafisch auf der Bedienoberfläche abgebildet, sodass die Auslastung einzelner Abteilungen auf einen Blick zu erkennen ist.

Der bessere Mitgliederservice trägt Früchte: Verkürzte Antwortzeiten und effektivere Rufumleitungen. Auch in puncto Zukunftssicherheit ist die Handelskammer auf der richtigen Seite. Durch einen Update-Vertrag mit Swyx bleibt die Anlage immer aktuell.

Der IT-Leiter freut sich: „Wir sind für jede sinnvolle Kostenersparnis dankbar. Auch dies ist ein Beweis für die Flexibilität von Swyx und mit ein Grund zu dieser Entscheidung."

10 Jahre Erfahrung - einfach einbinden

Die Verzahnung der verschiedenen Medien nimmt in atemberaubender Geschwindigkeit zu. Die Prozesslandschaften der Unternehmen werden komplexer. Die Unternehmen setzen verstärkt auf individuelle Anpassungen und tiefe Integrationen in die verschiedenen Kommunikationslandschaften. Ursprünglich als Hersteller einer Standardsoftware für Call Center Prozesse gestartet, nehmen wir in den letzten Jahren eine stark anwachsende Individualisierung der Projekte wahr. Die Unternehmen wollen sich dabei auf ihr Prozess-Know-How konzentrieren.

Die Individualisierung nimmt zu

Obwohl grundsätzlich standardisierte Schnittstellen für den Zugriff auf die unterschiedlichsten Kommunikationsstrukturen existieren (Telefon, SMS, Fax, Mail etc.) erfordert die tiefe Integration oftmals die Einbindung proprietärer Elemente und sehr oft auch ein hohes Detailwissen im Umgang mit den unterschiedlichen Medien.

Arbeit abnehmen

Automobilhersteller fertigen schon lange keine Reifen mehr selbst. Für das Integrieren von Reifen in Automobile existieren weltweit genormte Befestigungsmöglichkeiten. Dasselbe gilt für Autoradios, Scheiben etc. Die Markenhersteller konzentrieren sich in Ihrer Produktion auf die spezifischen Anforderungen ihrer Klientel, alle anderen Komponenten werden über unterschiedliche aber standardisierte Verfahren in der Automobilproduktion ergänzt. Um diesen Ansatz einer modularen Fertigung auch im Call-Center-Umfeld umzusetzen, wurde ttFrame entwickelt. Genormte Schnittstellen, vergleichbar mit den standardisierten Verfahren der Automobilhersteller, ermöglichen die schnelle entwicklungsseitige Umsetzung der individuellen Anforderungen Ihrer Auftraggeber. Die Benutzerverwaltung, die Dialingmaschine, die Anbindung von CTI-Servern, all diese Funktionen übernimmt ttFrame. Die Entwickler konzentrieren sich nur noch auf die Umsetzung kundenspezifischer Prozesse. Dadurch kann der Zeitraum bis zur Bereitstellung der Software für den Auftraggeber gesenkt und Kosten minimiert werden.

Vom Konzept überzeugt

Vom Konzept überzeugt hat die buw Unternehmensgruppe in Osnabrück ihre neuen Predictive-Dialer-Systeme über diesen Fertigungsansatz angesprochen und in die Bestandsstrukturen integriert. Das inhabergeführte Unternehmen rangiert unter den Top Ten der CC-Dienstleister (Rang 6 nach

CallCenterProfi 06/10) und wurde Anfang 2010 mit 3.500 Mitarbeitern als einer der besten deutschen Arbeitgeber im Mittelstand ausgezeichnet.
Auslöser für die Umstellung war dort die Aufkündigung von Supportverträgen für ein „Predictive Dialing System". Ein Predictive Dialer erhöht auf der Basis kundenschonender Anwahlverfahren automatisch die Zahl der Kundenkontakte und steigert damit die effektive Arbeitszeit der Kundenbetreuer. Die Stabilität und die Effektivität dieser Systeme sind für den Erfolg eines Dienstleisters maßgeblich mitentscheidend.

Mit relativ überschaubarem Aufwand wurde unter Erhaltung aller auf Basis einer Oracle Datenbank entwickelten internen Applikationen die Umstellung auf die neuen Systeme zügig und im laufenden Betrieb vorgenommen.

In Zukunft kann man dort eigene Kommunikationssystematiken entwickeln oder Provider mit neuen Funktionen in die bestehende Prozesslandschaft einbinden, welche den Anforderungen an die Weiterentwicklung der im Unternehmen verwendeten Systemlandschaft Rechnung tragen.

Die ttUnited ist eine Vertriebs- und Beratungsgesellschaft für innovative Standardsoftwarelösungen- und Technologien zur Optimierung von Kundendialogprozessen. Neben den technischen Lösungen werden auch die erforderlichen Consultingleistungen mit dem Fokus auf das Design und das komplexe Zusammenspiel von verschiedenen Kommunikations- und Workflowprozessen erbracht..

ttUnited gmbh
Axel Reddehase
axel.reddehase@ttunited.com

Niedenau 25
60325 Frankfurt am Main
0180 - 34 35 36 063
www.ttunited.com

Synlab Services GmbH – Perfekter Support mit ACD, IVR und CTI

Noch besserer Service – mit diesem Ziel startete die synlab Services GmbH in Augsburg ein umfassendes ITK-Projekt. Die synlab-Gruppe zählt in Deutschland und Europa zu den größten Unternehmen für Labordienstleistungen in den Bereichen Humanmedizin, Veterinärmedizin und Umweltanalytik. Die 5.000 Mitarbeiter führen an 260 Standorten in 20 Ländern jährlich etwa 200 Millionen Laboranalysen durch. Gemäß der Firmenphilosophie „Synergien, die Werte schöpfen" setzt das Healthcare-Unternehmen mit der Einführung einer automatischen Anrufverteilung (ACD) auch im zentralen Rechenzentrum in Augsburg auf eine effektive Arbeitsweise: Zur Bündelung der Anfragen wurde eine zentrale Servicenummer eingerichtet, die 24/7-Support bietet und den Anrufer über eine ACD gezielt an den richtigen Ansprechpartner weiterleitet. datac Kommunikationssysteme setzte dieses Projekt als Telekom Partner um und bot eine hochflexible und hochverfügbare Lösung an, die individuell an die Prozesse der synlab-Gruppe angepasst ist. Die gesamte Einführung des Systems wurde federführend durch Thomas Eberhard, Leiter des Rechenzentrums, begleitet.

Anrufverteilung (ACD) für erstklassigen Service

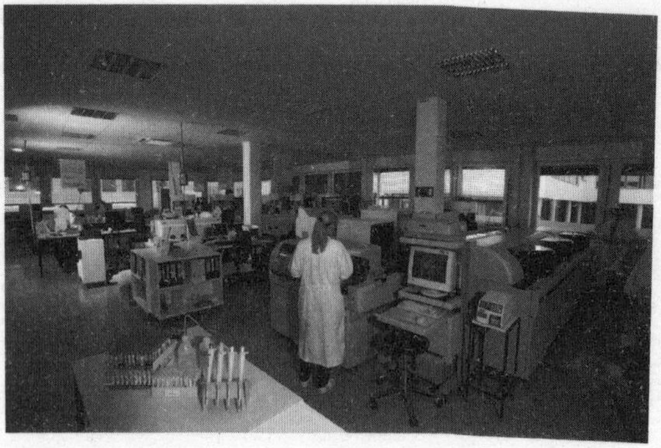

Mit der neuen ACD-Lösung wird zum einen der 24/7-Betrieb des Rechenzentrums durch einen zentralen ServiceDesk unterstützt und den Einsendern (Arztpraxen) eine zentrale Servicenummer bereitgestellt. Zum anderen sind die Telefonzentralen an bisher 6 Standorten an die ACD-Lösung angebunden, um den Kunden einen optimalen Service bieten zu können. Außerdem können die Tierarztpraxen per Voicemail eine Anfrage zur Abholung der Proben hinterlassen. Diese Voicemail-Nachrichten werden dann über eine automatische Nachrichtenverteilung (AMD) an die Email-Postfächer der Agenten verteilt.

Hochverfügbare Unified Communications-Lösung

Weiterhin wurden Voice, Fax, SMS und CTI in die bestehende Umgebung mit Microsoft Exchange, Microsoft Outlook und Citrix Serverfarm integriert. Alle Komponenten der UC-Lösung, von den Anschlüssen bis zu den Servern, sind dabei redundant ausgelegt, um die Ausfallsicherheit zu erhöhen.

Ergebnis: Eine hochverfügbare UC-Lösung mit VoIP-Anbindung an die bestehende Alcatel OmniP-CX Enterprise TK-Anlage. In der synlab-Gruppe sind nun 143 Agenten an 7 Standorten in die ACD-Suite eingebunden, 23 User über Fax und 43 User über AUMS (Advanced Unified Messaging). Neben der Anrufverteilung wurde bei der synlab-Gruppe auch ein Sprachdialogsystem (IVR), Reporting und PEC, das das Versenden von Faxen aus Navision möglich macht, integriert. Die neue Lösung wurde an das bestehende Microsoft Dynamics NAV System angebunden. Außerdem wurden die Laborinformationssysteme über ein Datei-Interface angebunden, so dass nun Laborbefunde per Fax versandt werden können.

24/7-ServiceDesk und variable Steuerung der Servicenummer

Zum bestehenden Tagworkflow wurde ein Nachtworkflow eingerichtet, der das Auslösen gruppenübergreifender Eskalationen – etwa auf Handys – ermöglicht. Eine spezielle Anforderung der synlab Services GmbH war, dass die Steuerung der zentralen Einwahlnummer telefonisch variabel durch Einträge in einer SQL-Datenbank erfolgen kann. Der Bereitschaftsdienst kann nun über einen Anruf im System die Rufnummer, auf die weitergeleitet wird, ändern. Gerade für den Wochenenddienst erhöht diese Lösung Mitarbeiterkomfort und Flexibilität, da die Mitarbeiter auch von zu Hause aus die Rufnummer umstellen können.

Höhere Effektivität beim Support

Die Effektivität des Supports ist nun deutlich höher: Die ACD-Agenten können gezielt gesteuert werden, und durch den neuen Service ist eine 24/7-Erreichbarkeit des Rechenzentrums sichergestellt. Durch die Reporting-Funktion können außerdem Anrufspitzen und die Erreichbarkeit der einzelnen Service-Rufnummern ermittelt werden, so dass das Personal entsprechend eingeplant und die Service-Qualität nochmal erhöht werden kann. Somit ist sichergestellt, dass die Mitarbeiter der synlab-Gruppe schnell und gezielt auf eingehende Anfragen reagieren können.

datac Kommunikationssysteme GmbH
Sabine Erlebach
sabine.erlebach@datac-gmbh.de

Max-von-Laue-Str. 9
86156 Augsburg
0821-42090-121
www.datac-gmbh.de

EcoLibro findet mit Beratung den Weg durch den ITK Dschungel

Gespräche mit Kunden, Besprechungen in verteilten Teams, Präsentationen von Lösungen, das sind nur einige Bereiche, für die jedes Unternehmen heutzutage Kommunikationslösungen benötigt. Diesem Bedarf steht eine Flut von Produkten und völlig unterschiedlichen Ansätzen wie auch Technologien gegenüber.
Als Berater für Mobilität von Unternehmen und Anbieter von innovativer Software zur Planung, Organisation, Abrechnung & Controlling von Dienstreisen agiert EcoLibro an verschiedenen Standorten in Deutschland. Die Mitarbeiter sind extrem mobil und stellen die identischen Anforderungen in Bezug auf einfache Bedienung und Mobilität an ihre Kommunikationslösung.

Interview – Analyse, Workshop: erste Schritte in Richtung optimaler Kommunikation
Ein erster Schritt in Richtung einer modernen, nutzerfreundlichen und vor allem an die individuellen Bedürfnisse des Unternehmen angepassten Kommunikationslösung war es, einen tiefgehenden Einblick in die Optionen der heutigen Kommunikation zu erhalten. Hierzu hat das Unternehmen auf einen erfahrenen und unabhängigen Berater für Kommunikationslösungen zurück gegriffen – die aixvox GmbH. Nach einem ersten ausführlichen Interview realisierte das Aachener Unternehmen einen Workshop mit allen Beteiligten. Die Mitarbeiter wurden mit Hilfe von Filmen, Vorträgen und konkreten Beispielen mit den neuen Möglichkeiten zur Kommunikation vertraut gemacht. In regen Diskussionen wurde jeder relevante Kommunikationskanal in Bezug auf die Nutzung im Unternehmen und die Nutzung in der externen Kommunikation analysiert. Bei den gut bekannten und genutzten Kommunikationsformen wie Email, Telefon und Fax wurde schnell Einigkeit erzielt, wobei neuere Funktionen wie Online-Zusammenarbeit oder Videotelefonie erst einmal mit kritischen Augen betrachtet wurden.

Die wichtige Frage nach der Akzeptanz der neuen Methoden im eigenen Unternehmen wurde für jede einzelne Funktion erörtert und dokumentiert.

Anhand der wirklich benötigten Funktionen und Handhabungen traf die aixvox GmbH eine Produktvorauswahl, die den wirtschaftlichen und zukunftsorientierten Anforderungen des Unternehmens gerecht wurde.

Besondere Aufmerksamkeit wurde dem Betrieb der Lösung zuteil. Da die Unternehmensstandorte sehr verteilt sind, hat die betriebliche Mobilität Priorität. Zum einen sollte es die neue Kommunikationslösung ermöglichen Reisekosten zu senken und unnötige Reisen zu vermeiden, zum anderen benötigte EcoLibro eine Kommunikationslösung, die alle Mitarbeiter dort erreicht wo sie gerade arbeiten. Kunden sollen nur auf einer zentralen Rufnummer das Unternehmen erreichen und schnell einen Mitarbeiter bzw. den gewünschten Ansprechpartner finden.

Der sichere Weg

Mit der neuen Lösung und der Beratung im Vorfeld ist Volker Gillessen, Gesellschafter und Prokurist bei EcoLibro sehr zufrieden: „Im Rahmen unserer Beratung zur Optimierung der betrieblichen Mobilität von Unternehmen spielten innovative Kommunikationskonzepte eine wichtige Rolle. Hierdurch wird nicht notwendige Mobilität vermieden und es können so Kosten und der CO2 Ausstoß gesenkt werden. Wir leben diese Philosophie. Dank der Unterstützung von aixvox konnten wir die für uns sinnvollen Möglichkeiten und Einsatzgebiet ermitteln und erfolgreich in der Praxis umsetzen." In dem Projekt zeigte sich erneut, dass jedes Unternehmen seine ganz individuellen Anforderungen in der Kommunikation hat. Der externe Blick des Beraters auf diese Anforderungen, gepaart mit einem klar definierten Budget des Kunden sorgt für eine ordentliche Lösung die heute, morgen und auch übermorgen dem Unternehmen die not-wendige Flexibilität gibt.

aixvox

Die aixvox GmbH aus Aachen ist ein international tätiges Beratungs- und Dienstleistungsunternehmen, dessen Fokus auf der Optimierung der Kundenkommunikation in den Bereichen Unified Communications, Sprachanwendungen, Marketing, Public Relations und Training liegt.

aixvox GmbH
Detlev Artelt
Geschäftsführer
da@aixvox.com

Monheimsallee 22
52062 Aachen
0241 - 4133 100
www.aixvox.com

Haptische Werbeartikel als genialer Kommunikations-Verstärker

Sprache, Mimik und Gestik sind in der heutigen Kommunikation nicht mehr wegzudenken. Wie schon Paul Watzlawick sagte, man kann nicht nicht kommunizieren.

Gerade in den letzten Jahrzehnten wurden immer neue Möglichkeiten entwickelt eine Botschaft zu übermitteln, sprich zu kommunizieren. Führte man früher persönliche Gespräche, telefonierte und schrieb Briefe, dominieren heutzutage digitale Wege Botschaften zu übermitteln.

Daher ist es wichtiger denn je, sich über seine Botschaft und Inhalte bewusst zu werden und diese gekonnt und bildhaft anderen Menschen mitzuteilen. Da der Mensch in Bildern denkt, verankern sich visuelle Impulse deutlich nachhaltiger im Gedächtnis des Empfängers. Doch gerade in Zeiten, in denen der Mensch durch Email, Print und das Internet mit Bildern überflutet wird, müssen neue Wege gefunden werden, Botschaften zu vermitteln und gerade im Bereich der Werbung auch in den Köpfen der potentiellen Kunden zu verankern. Werden visuelle Botschaften durch taktile Erfahrungen ergänzt, erhöht sich der Wiedererkennungswert eines Objekts um ein vielfaches.

Gut inszenierte und pfiffige haptische Werbeartikel geben Unternehmen heutzutage so die Möglichkeit, ihre Botschaften über die Grenzen der Printmedien, Mailings und auch des Internet zu den Empfängern zu bringen und aus der Masse herauszustechen.

Werbeartikel, wie der runde Würfel oder auch das kullernde Auge bieten hier zu dem visuellen Eindruck, den das Objekt schafft, das taktile Erlebnis. Sehen, Fühlen und Erfahren werden in einem Objekt kombiniert, das durch den Erlebnisfaktor einen nachhaltigen Eindruck hinterlässt.

Der runde Würfel, schon das Wort scheint ein Widerspruch in sich zu sein, kann Außendienstmitarbeitern im Kundengespräch Türen öffnen.

Allein die Übergabe des Objekts lockert die Atmosphäre auf und hält das Gespräch in Gang. Gleichzeitig geben die Rundungen des Würfels jedem Unternehmen die Gelegenheit, glaubhaft zu kommunizieren, Projekte ohne „Ecken und Kanten" umzusetzen. Auch andere Botschaften, die zur Kommunikationsstrategie des Unternehmens passen sind denkbar:

- Die Würfel sind nun endlich gefallen....
- 6 Richtige
- Das ist eine runde Sache
- 6 Gründe, warum Sie mit uns zusammen arbeiten sollten
- ... ist kein Glücksspiel

Ein weiteres Beispiel eines solchen einzigartigen Kommunikationsmittels ist das „Kullerauge". „Ein Auge auf den Kunden werfen" oder auch den Geschäftspartner im „Auge behalten" sind nur einige Beispiele für Botschaften, die durch das Objekt vermittelt werden können.

Ob Im Kundengespräch oder auch als Beilage zu einem Mailing, als Mitbringsel oder kleines Dankeschön, haptische Werbemittel ziehen die Aufmerksamkeit auf sich und erhöhen die Erfolgsquote einer Nachfassaktion.

Der permanent anwesende Berater bei der takomat GmbH und der Helmut Ebert GmbH

Das Team von takomat ist ein Unternehmen aus dem Multimedia Bereich. takomat erstellt neue digitale Lebensformen für alle Medien und legt dabei besonderen Wert auf Design und Benutzerfreundlichkeit als Erfolgsfaktoren für gute Produkte. So entstehen komplexe ernsthafte Spiele und automatisierte 3D-Charakter Animation für den Computerspielmarkt und der Filmindustrie..

Die Helmut Ebert GmbH hingegen ist ein Unternehmen aus dem Metallbereich bzw. aus dem Segment Handel und Service für Spezialmaschinen. Das Team überholt und erneuert seit mehr als 30 Jahren spitzenlose Rundschleifmaschinen. Sowohl junge, als auch sehr alte Maschinen werden nach einer Generalüberholung in den Neuzustand versetzt. Die Maschinen werden weltweit vertrieben, betreut und gewartet.

So unterschiedlich diese beiden Unternehmen auch sind, sie haben jedoch beide den gleichen Berater in Sachen Kommunikation gefunden. Das Konzept aus individuellem Workshop nebst einer umfassenden unabhängigen Beratung zu einem Festpreis hat den Unternehmen gut gefallen. Eine optimale Grundlage erhalten die Geschäftsführer und Entscheider durch das kostenlos in das Beratungsprojekt integrierte Fachbuch voice compass. In dem Werk hat der Berater alle relevanten Verfahren und Hintergrundinformationen zusammen getragen und ermöglicht so einen direkten Zugriff auf das Wissen und die weltweiten Marktübersichten zu allen Themen der Kommunikation im Geschäftsleben.

In dieser Konstellation hat die takomat sehr schnell die richtige Sprachsynthese für Ihr Produkt „PHENOME" gefunden. Die Lösung passt optimal auf die Anforderungen und skaliert in der gewünschten Größenordnung sowohl als Applikation auf dem Desktop wie auch als Internetanwendung. Die erzeugte Stimme wirkt real und lässt sich je nach gewünschter Landessprache und dem jeweiligen Geschlecht anpassen. Besonders erfreut waren die Kunden von takomat darüber, dass Sie sogar individuelle Stimmen von Persönlichkeiten oder berühmten Stars erstellen können.

Dadurch wird der Effekt, den das künstliche Wesen erzeugt, nochmals realer und passt in viele neue Produktionen wie Filme oder Webseiten. „Die unkomplizierte Beratung und die Marktkenntnisse der aixvox haben uns maßgeblich geholfen, um in der kurzen Zeit, die wir zur Verfügung hatten, einen weltweiten Überblick zu erlangen und das optimale Produkt zu finden. Dabei konnten wir uns selber anhand des voice compass ausführlich mit der Thematik beschäftigen", sagt Herr Lars Maria Schnatmann, Geschäftsführer von takomat GmbH.

Das Beratungsprojekt der Helmut Ebert GmbH verlief in einem ganz anderen Bereich, aber identisch erfolgreich. In der Vorbereitungszeit hat die Geschäftsleitung in mehreren Gesprächen die Grundlagen vom Berater vermittelt bekommen und zusätzlich das Fachbuch zum Selbststudium erhalten. Dies führte dazu, dass die Fachbegriffe der Kommunikationsanwendungen wie auch die Vorteile, die Unified Communications und die Integration der Kommunikation in die Prozesse schnell verstanden und als ein ganz wichtiges Ziel im Unternehmen adressiert wurden. Da gerade eine neue Warenwirtschaft eingeführt wurde, sollte diese gleich möglichst als zentrale Stelle im Unternehmen auch für die Kommunikation genutzt werden. „Die Marktübersichten und die im Fachbuch wie vom Berater ausführlich erläuterten Verfahren haben uns die Auswahl der richtigen Technologie und der dementsprechenden Produkte massiv vereinfacht und enorme Kosten gespart." sagt Helmut Ebert, Geschäftsführer der Helmut Ebert GmbH.

Mit dem permanent anwesenden Berater gewinnen Unternehmen einen großen Zeitvorteil bei einer gleichzeitigen Minimierung der Kosten. Die durchgeführten Workshops und Gespräche verlaufen um ein vielfaches effizienter und reduzieren sich auf das notwendigste, was sich für alle Unternehmen positiv in den geringen Kosten widerspiegelt.

aixvox

Die aixvox GmbH aus Aachen ist ein international tätiges Beratungs- und Dienstleistungsunternehmen, dessen Fokus auf der Optimierung der Kundenkommunikation in den Bereichen Unified Communications, Sprachanwendungen, Marketing, Public Relations und Training liegt.

aixvox GmbH
Detlev Artelt
Geschäftsführer
da@aixvox.com

Monheimsallee 22
52062 Aachen
0241- 4133 100
www.aixvox.com

Alphabetische Liste der Unternehmen, die Beispiele der Kundenkommunikation beigesteuert haben

Folgende Firmen haben uns Referenzen und Beispiele zur Verfügung gestellt und somit maßgeblich zum Erfolg der Praxistipps beigetragen:

Firma	Seite	Firma	Seite
aixvox GmbH	38, 102, 106	Microsoft Deutschland GmbH	64
AppTek Inc.	58	outbox AG	94
Baudisch Electronic GmbH	40	Plantronics GmbH	72
bluvo AG	50	Powerflasher GmbH	48, 88
CASERIS GmbH	32	QSC AG	82
comevis GmbH & Co. KG	20, 86	SC-Networks GmbH	70
CreaLog GmbH	18, 62	SpeechConcept GmbH & Co. KG	54
datac Kommunikationssysteme GmbH	34, 100	Swyx Solutions AG	14, 96
Druckagentur Hand & Fuß eK	104	Tandberg	16
eco e.V.	4	TeamFON GmbH	78
European Media Laboratory GmbH	56	Telenet GmbH	28, 76
GN Netcom GmbH	30	tevitel AG	44, 92
Grutzeck-Software GmbH	26, 74	ttUnited gmbh	60, 98
infoWAN GmbH	22, 90	ViDOFON AG	24
JTEL GmbH	36	Voicetrust (Deutsche Post DHL)	46
Lindenbaum GmbH	52	Voxtron GmbH	68
MCA GmbH	84	WOIZZER AG	80
mediaBEAM GmbH	42		
MerkWert-Agentur	66		

Die Zukunft der Kommunikation

Neue Technologien erlauben es uns, neue Wege zu gehen. Viele der heutigen Möglichkeiten in der Kommunikation mit Kunden und mit anderen Unternehmen haben wir in diesem Werk aufgezeigt. Abschließend möchte ich Ihnen Mut zur Veränderung Ihrer Kommunikation machen.

Neue Trends, schnellere Kommunikation, überall erreichbar sein, aber auch die richtige „Work-Life-Balance" und die notwendige Zeit für das Wesentliche bei der Arbeit und im Leben sind sicher erstrebenswerte Ziele. Leider lassen sich einige dieser Punkte nur schwer miteinander verbinden und stellen uns so vor die immer wiederkehrende Aufgabe nach der Frage der gerade höchsten Priorität.

Machen Sie sich die Technologie Untertan und nutzen Sie die Vorteile, die moderne Systeme offerieren. Nicht alle auf einmal, aber nach und nach diejenigen, die Ihnen wertvoll und erstrebenswert erscheinen.

Meine Thesen der Veränderung

1. Die Verfügbarkeit managen

Trauriger Weise ist es heute in vielen Unternehmen noch der Fall, dass eine Person nur durch eine Vielzahl von sogenannten Rufnummern erreichbar ist. Das führt dazu, dass viel unnötige Zeit damit verschwendet wird, nach und nach diese Rufnummern zu nutzen, jeweils eine Nachricht zu hinterlassen, um dann auf einen Rückruf zu warten. Internetdienste wie Skype und viele ähnliche Produkte machen es ganz anders. Hier sehen Sie, wer von Ihren Kontakten im Moment erreichbar ist und können sofort und ohne Umwege mit der Person kommunizieren. Dieses Prinzip wird auch Presencemanagement oder zu deutsch Verfügbarkeitsmanagement genannt. In den nächsten Jahren wird diese Information in die sozialen Netze wandern und dort alle notwendigen Kontaktoptionen der jeweiligen Person visualisieren. So kann jeder entscheiden, ob und auf welchem Gerät oder Kanal er erreichbar ist.

2. Der mobile Arbeitsplatz

Die Verfügbarkeit des Internets an nahezu allen Punkten der Erde ermöglicht es uns, von all diesen Plätzen zu arbeiten bzw. zu kommunizieren. War dies vor einigen Jahren nur via Telefon möglich, so können wir heute schon fast überall einfache Internetdienste wie Email und Web nutzen. In einigen Jahren werden die Bandbreiten an nahezu jedem Ort ein Videogespräch oder den Genuss eines aktuellen Films zulassen. Diese Möglichkeiten eröffnen Ihnen ebenfalls ein ganz anderes Arbeiten und Leben. Nutzen Sie die Optionen für eine bessere Work-Life-Balance und verbringen Sie mehr Zeit mit den wirklich wichtigen Dingen des Lebens und nicht im Stau und im allmorgendlichen Berufsverkehr.

3. Das Telefon wird Computer

Das Gerät mit dem Hörer auf Ihrem Schreibtisch wird verschwinden bzw. seine Form drastisch ändern. Es macht sowieso keinen Sinn neben dem Computer für die alltägliche Arbeit, dem tragbaren Computer für Unterwegs und dem Mobiltelefon, welches eigentlich auch mehr ein Computer ist, noch ein herkömmliches Telefon zu nutzen. Die bekannten Funktionen zum Wählen einer Rufnummer werden immer mehr durch die Nutzung von Adressbüchern und durch das Verfügbarkeitsmanagement ersetzt.

Dies sind nur einige der, meiner Meinung nach, herausragenden Veränderungen, die wir in den nächsten Jahren erleben werden. Unsere Kinder wachsen bereits damit auf und werden uns zeigen, wie einfach und selbstverständlich diese Kommunikation stattfinden kann.

Ich wünsche Ihnen viel Erfolg, viel Neugier und noch mehr Mut, neue Dinge in der Welt der modernen Kommunikation auszuprobieren.

Detlev Artelt
Autor und Herausgeber
Fachbuchreihe voice compass

Berater und Unternehmer
aixvox GmbH, Aachen

Über den
Voice compass (R)Evolution in der Kommunikation

Wenn Sie an dieser Stelle der PRAXISTIPPS Kundenkommunikation angekommen sind, haben Sie wahrscheinlich einige, wenn nicht sogar alle Beispiele und Referenzen gelesen, die das voice compass Team zusammen getragen hat. Sie haben viel über die Möglichkeiten erfahren, Kommunikation mit dem Kunden, aber auch zwischen Abteilungen und Geschäftsstellen durch den Einsatz moderner Technik und aktuellen Lösungen zu optimieren.

All denjenigen, die jetzt den Wunsch nach mehr Hintergrundinformationen, nach Produkten, Anbietern und weiteren Anwendungsbeispielen haben, möchten wir die Fachbuchreihe voice compass und besonders die aktuelle Ausgabe voice compass (R)Evolution in der Kommunikation empfehlen.

Der voice compass erläutert Ihnen auf mehr als 780 Seiten mit frischen Gedanken und verständlichen Worten ausführlich die aktuellen Neuerungen in der Welt der Kommunikation und der Sprachautomation. Schwerpunkt der aktuellen Ausgabe (R)Evolution in der Kommunikation ist das Trendthema Unified Communications. Eine Vielzahl von neuen Funktionen ermöglichen den Unternehmen heute ein effektiveres Arbeiten, besseren Kundenservice, merkliche Kostenreduzierungen, bessere Erreichbarkeit und eine vereinfachte globale Kommunikation. Der große, von Herstellern dominierte Markt erzeugt dabei eine Unübersichtlichkeit, die der voice compass in insgesamt 12 Kapiteln mit ausführlichen Erläuterungen, Herstellerübersichten und einer klaren Klassifizierung von Services, Produkten und Lösungen auflöst. Der voice compass mündet in über 100 Empfehlungen zu Anwendungen, Anbietern und Produkten.

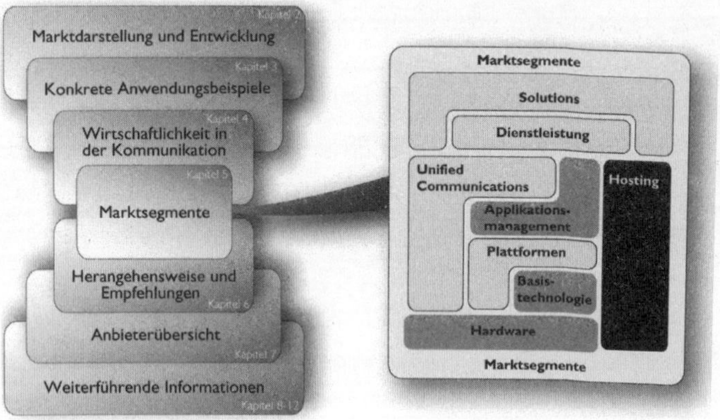

Auf der Website www.voice-compass.com erfahren Sie mehr über die Fachbuchreihe und die drei bisher erschienen Ausgaben. Hier können Sie auch alle Ausgaben bestellen. Unter www.voice-compass.com/Lesen haben Sie die Möglichkeit, einen Blick in die aktuelle Ausgabe zu werfen.